A BRIEF HISTORY
OF BRITAIN

英 国 简 史

[美] 玛丽·普拉特·帕米利◎著
陈奕佐◎译

北京理工大学出版社
BEIJING INSTITUTE OF TECHNOLOGY PRESS

版权专有 侵权必究

图书在版编目（CIP）数据

英国简史/（美）玛丽·普拉特·帕米利著；陈奕佐译. —北京：北京理工大学出版社，2020.4（2023.12重印）

ISBN 978-7-5682-8177-5

Ⅰ. ①英… Ⅱ. ①玛… ②陈… Ⅲ. ①英国—历史—通俗读物 Ⅳ. ① K561.09

中国版本图书馆 CIP 数据核字（2020）第 035802 号

责任编辑：徐艳君	文案编辑：徐艳君
责任校对：刘亚男	责任印制：施胜娟

出版发行	/ 北京理工大学出版社有限责任公司
社　　址	/ 北京市丰台区四合庄路 6 号
邮　　编	/ 100070
电　　话	/（010）68944451（大众售后服务热线）
	（010）68912824（大众售后服务热线）
网　　址	/ http://www.bitpress.com.cn
版 印 次	/ 2023 年 12 月第 1 版第 3 次印刷
印　　刷	/ 三河市金元印装有限公司
开　　本	/ 880 mm × 1230 mm　1/32
印　　张	/ 6.75
字　　数	/ 156 千字
定　　价	/ 48.00 元

图书出现印装质量问题，请拨打售后服务热线，负责调换

亨利八世

苏格兰女王玛丽一世,著名的悲剧女王。1587年被伊丽莎白一世处决。

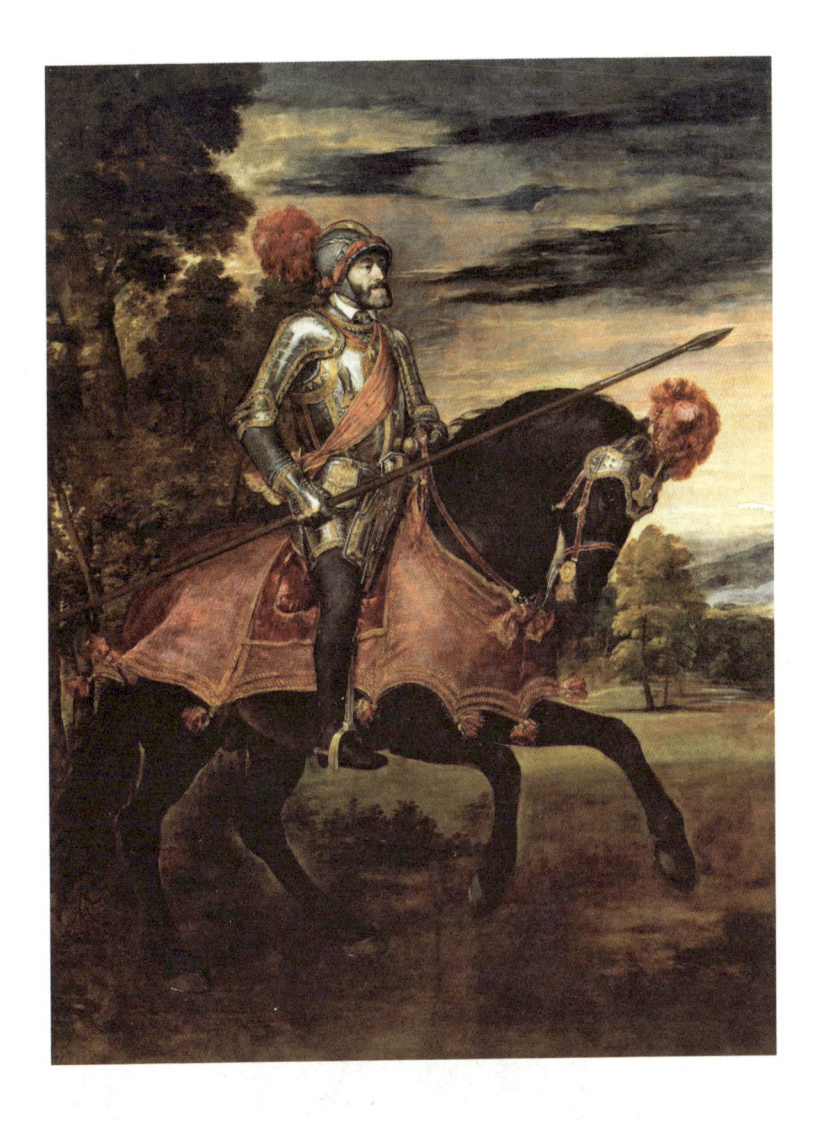

骑马的查理五世

詹姆斯一世

骑马的查理一世

乔治三世

英国之所以能够稳步向前,走向成熟,是因为其稳健的势力,如一粒小小的种子在土中萌发,逐渐成长为一朵娇艳的鲜花。其自由就像是一颗种子,虽会遇到艰险,但也会等待时机,含苞待放。

——玛丽·普拉特·帕米利

前 言

创作这部作品的难处，如同要将一幅宏大的图画，以及画中不胜枚举的人物和细致入微的细节，浓缩到一张很小的画布上，因此，希望读者朋友能够理解，创作这部作品实属不易。此书的主要目的，在于追根溯源。在19世纪即将结束之际，我们见证着大不列颠的诞生，见证着其文明重要组成部分的起源，如立法、司法、社会制度等。

烦请读者朋友注意，影响英国发展历程的众多因素之中，最为关键的两个因素是：宗教与金钱。

首先，统治阶级剥削人民的财产；其次，干涉人民的宗教信仰，引起了宗教革命。这两个因素是英国所有重大历史事件的重要组成部分。

英国政体发展成为如今的君主立宪制的过程，就是人民一次次反抗统治阶级剥削的过程。尽管在英国王朝的更迭史上各种武装斗争轰轰烈烈，但由于篇幅所限，本书主要论述了英国在实现远大理想的道路上所遇到的种种外部阻碍。

另外，关于爱尔兰和苏格兰的发展历史，以及它们被英格兰吞并的过程，在此书中也有简要叙述。

——玛丽·普拉特·帕米利（Mary Platter Parmele）

目 录 Contents

英格兰简史

第一章
古不列颠 002
恺撒的入侵,布狄卡女王 004
不列颠岛 005
罗马政权瓦解 006
盎格鲁-撒克逊人 008
瑟迪克 010
日耳曼人入侵 011
巩固英格兰王国 012

第二章
奥古斯丁 014
埃德温 015
卡德蒙 015
贝德 016
阿尔弗雷德大帝 016
克努特 018
忏悔者爱德华 019

哈罗德 020

征服者威廉（威廉一世） 020

第三章

治安行会与自治市镇 025

威廉二世 026

亨利一世 027

亨利二世 028

贝克特之死 028

理查一世 030

约翰一世 031

《自由大宪章》 032

第四章

亨利三世 034

罗杰·培根 035

第一个真正的议会 036

爱德华一世 037

征服苏格兰 037

爱德华三世 039

理查二世 039

约翰·威克里夫 040

第五章

兰开斯特王朝 042

亨利四世 043

亨利五世 044

奥尔良之战 045

玫瑰战争 046

约克王朝 047

爱德华四世 048

理查三世 048

亨利七世 049

印刷机的发明 049

第六章

亨利八世 051

沃尔西 052

爱德华六世 055

玛丽一世 056

第七章

伊丽莎白一世 058

弗吉尼亚殖民地 062

玛丽·斯图亚特降生 063

玛丽·斯图亚特之死 064

西班牙无敌舰队 065

第八章

詹姆斯一世 068

第一个英属殖民地 069

火药阴谋 069

《圣经》的翻译 071

查理一世 071

劳德大主教 072

约翰·汉普登 074

《民权宣言》 074
马萨诸塞州特权 075
斯特拉福德伯爵 076
星法院 077

第九章

长期议会，以及斯特拉福德伯爵与劳德大主教之死 079
奥利弗·克伦威尔 080
查理一世之死 082
长期议会解散 082
查理二世 083

第十章

《人身保护法》 084
查理二世之死 085
牛顿、弥尔顿、班扬 085
詹姆斯二世 086
威廉和玛丽 087
博因河战役 087

第十一章

安妮女王 090
马尔博罗公爵 091
布伦海姆战役 091
汉诺威王朝 093
乔治一世 093
乔治二世 095
英属印度 096

魁北克之战 096
约翰·卫斯理 097

第十二章

乔治三世 098
印花税 099
茶税 100
承认美国独立 101
黑斯廷斯遭到弹劾 102
英国第一条铁路 104
乔治四世 104
威廉四世 105
《改革法案》 106
解放奴隶 106

第十三章

维多利亚女王 107
爱尔兰大饥荒 107
与俄罗斯开战 108
西帕依革命 111
坎普尔大屠杀 112
大西洋电缆 113
达盖尔照相法 114
世界首个展览会 114
阿尔伯特亲王之死 115
苏伊士运河 115

第十四章

奥利弗·克伦威尔　117

南非殖民地　118

荷兰殖民地　118

英国奴隶政策　120

英国对南非政策　121

詹姆森袭击事件　123

三次开战　124

德韦特　126

第十五章

维多利亚女王之死　127

爱尔兰简史

早期的爱尔兰　130

从奥古斯丁到英格兰大征服　132

从亨利二世到伊丽莎白一世　134

从伊丽莎白一世到威廉三世和玛丽二世　140

从威廉三世到《联合法案》　144

从《联合法案》到帕内尔之死　152

《新土地法案》　154

苏格兰简史

早期的凯尔特　160

从马尔科姆三世到罗伯特·布鲁斯时期　162
从布鲁斯到詹姆斯一世时期　168
詹姆斯一世至国家联合　172
从国家联合到《联合法案》　184
《联合法案》以来的概述　185

附录　王朝年鉴　187

英格兰简史 〉〉〉

第一章

古不列颠

英格兰最古老的历史刻在它的石头中。从这些石头的地质中,我们得知,在很久很久以前,当加来海峡①,其间没有海水流淌的时候,从地中海地区延伸到奥克尼群岛②,其间就是一块完整的大陆。环状列石(即巨大的石堆)也承载着另一个秘密。在雅利安-凯尔特人到来之前,曾连续有两类人种在英格兰居住,他们在这里生活的故事被简单地记录在这些环状列石上,而当时雅利安人③并没有出现。雅利安人身材矮小,头骨的形状也不是很成熟。据推

---

① 加来海峡,位于英吉利海峡的东部,介于英国和法国之间,是连接北海与大西洋的通道。——译者注
② 奥克尼群岛,距苏格兰北方沿海32千米,由70多个岛屿组成,总面积达975平方千米。——译者注
③ 雅利安人,在拜火教文献经典波斯古经《阿维斯陀》中,国王费里顿的三个儿子三分天下,大儿子图尔掌管东部,演化成了图尔人(图兰人),是突厥人的祖先;二儿子萨勒姆掌管西部,是罗马人的祖先;小儿子雅利安掌管中南部,演化成了伊兰人(伊朗人),是雅利安人的祖先。这就是雅利安人的由来。——译者注

测，他们与出现在南欧的神秘人种巴斯克人①和伊比利亚人②同属某个人种，然而，在南欧的历史中这两个人种并没有得到考证。

雅利安人是何时到达英格兰，以上那些人种又是何时消失的，这两个问题至今是未解之谜。

两千年来，古希腊文明蓬勃发展，可谓达到了无可超越的地步。可是，古希腊此时却沉浸在自己已取得的成就中，他们浑然不知在欧洲大陆的北海岸与西海岸之间，正孕育着一系列神秘的岛屿。

在这迷雾缭绕、不为人知的地方，一支雅利安人部落——不列颠人（Britons）住了下来，他们就像美洲的印第安人一样，过着原始的生活，住在形如蜂巢的小屋里，并且在屋顶上面盖了树枝、砌了泥巴。当古希腊雕刻家菲狄亚斯③雕刻帕特农神庙④里的神像时，这些早期不列颠人则正用敌人的头颅装饰他们的住所。如果巨石阵里那些不可名状的石头会说话，它们或许会告诉我们，很久以前，在索尔斯堡平原⑤亲身目睹的古德鲁伊教⑥仪式是多么残忍而可怕。

---

① 巴斯克人，系古代伊比利亚部落巴斯孔人的直系后裔。如今主要分布在西班牙比利牛斯山脉西段和比斯开湾南岸，其余分布在法国及拉丁美洲各国。——译者注
② 伊比利亚人，泛指生活在当今伊比利亚半岛上的所有常住民族。——译者注
③ 菲狄亚斯，雅典最伟大的古典雕刻家。——译者注
④ 帕特农神庙，希腊有名的历史古迹，矗立在雅典的最高点。——译者注
⑤ 索尔斯堡平原，位于伦敦西南方约200千米的维尔特郡，是欧洲著名的史前时代文化神庙遗址巨石阵。——译者注
⑥ 古德鲁伊教，古英国凯尔特文化中占据统治地位的宗教组织。——译者注

恺撒的入侵，布狄卡女王

公元前400年到公元前300年间，关于不列颠人存在的传说，已经传到了地中海地区。但是，直到恺撒①入侵（公元前55年）不列颠之后，人们才对不列颠人有了更深的了解。

其实，恺撒没有真正征服不列颠人。但是，从他站在高卢②北部的海岸，贪婪而敏锐的目光望向加来海峡的那一刻起，不列颠人的命运便就此注定。从那一刻开始，古罗马的势力如同章鱼的触须一般，蔓延到这片不幸的土地上，最终将不列颠紧紧包围。公元45年，在克劳狄乌斯③的带领下，罗马帝国成功将不列颠纳入自己的疆域。不列颠布狄卡（Boudica）女王④奋力抵抗罗马帝国的入侵，然而，同德国的赫尔曼（Hermann）和法国的韦辛格托里克斯（Vercingetorix）一样，她所作的努力也只是徒劳。罗马给了他们致命的袭击，伦敦被占领了。布狄卡在绝望中自杀，她宁愿死，也不愿看到自己的氏族备受屈辱。

后来，庄严宏伟的威斯敏斯特大教堂和圣保罗大教堂仍然把布狄卡视为不列颠女英雄，将其铭记于心。当时的伦敦，到处是破败不堪的小屋和无法拆除的牛栏，在凯尔特语里称其为"湖上的堡垒"或者"琳丁"（Llyndin），在拉丁人听来这个称呼很粗鄙，罗马人改称为朗蒂尼亚姆（Londinium），后来，才演变成现今的伦敦。

---

① 恺撒，即大名鼎鼎的恺撒大帝，古代罗马共和国（今地中海沿岸等地区）末期杰出的军事统帅、政治家，罗马帝国的奠基者。——译者注
② 高卢，古代西欧地区名，现今法国、比利时等地。——译者注
③ 克劳狄乌斯，罗马帝国朱里亚·克劳狄王朝第五位亦是最后一位皇帝，全名尼禄·克劳狄乌斯·恺撒·奥古斯都·日耳曼尼库斯。——译者注
④ 布狄卡，英国古代氏族女王，曾反抗古罗马对英格兰的入侵。——译者注

不列颠岛

罗马帝国已经牢牢控制了不列颠岛，不列颠人反对罗马帝国的抗争在公元100年前就已经停止了。自此，罗马人开始在不列颠岛上生根发芽。曾经破败简陋、大树荫蔽的村庄，都变成了筑有高墙的城市，城里有庙宇、大浴场和广场，华丽的别墅墙上画满了壁画，屋内铺着大理石地板，暖气流将寒冷的冬天变成了夏天。

于是，切斯特（Chester）、科尔切斯特（Colchester）、林肯（Lincoln）、约克（York）、伦敦（London）以及其他许多城市，如同粗糙泥土地里闪烁耀眼的珠宝般，遍布在英格兰的土地上。习惯和礼节粗鄙的不列颠人就住在其间。他们住在用稻草遮盖、用泥土修补的破败小屋里，仍固执地保留着自己的语言和习惯，以及原始的部落。然而，对于自己辛苦的劳动所得，他们只能眼睁睁地看着它变成税收和贡品，被不知满足的外来入侵者剥削吞没。如果有机会的话，凯尔特-高卢人（Keltic-Gaul）可能会尝试同化罗马文明，但是，凯尔特-不列颠人（Keltic-Briton）却没有这样做。

现存资料表明，不列颠人和罗马人毗邻而居，但是，二者相互独立（除了在城市里的某些交集）。还有另外一个可能，就是被征服者（不列颠人）先于征服者（罗马人）退居到威尔士（Wales）和康韦尔（Cornwall）地区。如今，英格兰地区还有原始不列颠人的遗迹。

公元78年，为了抵抗北方高地的居民皮克特人（Picts）和苏格兰人（Scots）的入侵，罗马将军阿格里科拉[①]在英格兰北部建造了

[①] 阿格里科拉，古罗马时期的著名将领。——译者注

一座长城，横跨整个英格兰北部。然而，早就习惯了翻山越岭的皮克特人和苏格兰人，面对这样的"防御工程"，完全不屑一顾。除非整个城墙上遍布军队，不然，皮克特人和苏格兰人看到这样的城墙，估计会笑掉大牙。公元120年，哈德良一世①也修建了一座长城。后来，安东尼纳斯②大帝和塞维鲁大帝③也修建了长城。由于皮克特人和苏格兰人频频侵扰罗马，为了方便出行，罗马人修建了大量公路，将其所征服的城市用庞大的公路网连接起来。

后来的三个多世纪里，罗马的统治地区一直处于相对和平的状态，农业、商业和工业迅速发展。虽然"社会财富"增长了，但不列颠人却在复杂的社会体系下萎靡不振，社会的发展非但没有使他们受益，反而将他们原始的活力消耗殆尽。罗马人建造了别墅，带来了恶习和奢华的生活方式，更将基督教带到了英格兰地区。然而，不列颠人或许学会了祷告，却忘记了如何去奋战、如何去管理。

罗马政权瓦解

后来，罗马帝国走向了衰败。罗马需要召集所有军队，将阿拉里克（Alaric）以及哥特人④赶出罗马。

---

① 哈德良一世，在罗马法拉克派支持下当选的教皇。——译者注
② 安东尼纳斯，古罗马皇帝，公元138—161年在位。——译者注
③ 塞维鲁大帝，罗马帝国塞维鲁王朝最后一个皇帝。——译者注
④ 哥特人，也译作哥德人，是东日耳曼人部落的一个分支部族。——译者注

公元410年，我们再也看不到曾经宏伟的公路网和欣欣向荣的城市。在这片土地上，不会再有罗马军队雄赳赳、气昂昂地大步走过的场景。如今的英格兰只剩下一些孤立无援的平民在继续抵抗皮克特人和苏格兰人。皮克特人和苏格兰人是不列颠人的后裔，罗马人占领英格兰期间，他们一直退居在北方高地要塞之处，罗马人一走，英格兰地区无人守护，他们便像秃鹫扑食一般进攻英格兰。

公元466年，厄运降临到了不列颠人身上。他们效法表亲高卢人，请求日耳曼人（这里指法兰克人①）跨海支援，可是万万没想到，这请来的，却是更大的灾祸。

法兰克人征服高卢以后，数个世纪里，一直与罗马保持冲突或联系的状态。久而久之，法兰克人也学到了很多古老的南方文明，并在一定程度上接受了他们的思想理念。而从石勒苏益格-荷尔斯泰因（Schleswig-Holstein）地区蜂拥至不列颠的盎格鲁-撒克逊人②则完全是未经开化的异教徒，一点都不信奉基督教。他们看不惯罗马人的奢侈生活，于是一把火烧毁了他们的别墅、庙宇和大浴场。他们来到这片土地上，从未想过要驯服这里的人，而是要毁掉一切。与盎格鲁-撒克逊人不同，法兰克人没有破坏高卢罗马化、拉丁化的特色，甚至接受了他们的宗教信仰。他们只是取代了高卢地区的统治者，却没有破坏它的文化。

---

① 法兰克人，日耳曼人的一支，5世纪时入侵西罗马帝国。——译者注
② 盎格鲁-撒克逊人，指早期生活在大不列颠岛东部和南部地区，文化习俗上相近的一些民族。——译者注

盎格鲁-撒克逊人

盎格鲁-撒克逊人则不一样，他们将自己的宗教、风俗、习惯、野性和语言等深深地融进血肉里，并将它们带入了英格兰，这一切深深地影响着他们的行为（正如现在的英国人，不管到哪里，身上都有明显的英格兰特质）。就这样，他们的宗教、风俗和习惯慢慢融入了无助的不列颠人这里。盎格鲁-撒克逊人成功侵占了英格兰这方土地，并且很快推翻了长达3个多世纪的基督教信仰。他们的行为很野蛮，尽管不得不承认这些人中孕育着未来的亚瑟王[①]，以及他手持神剑、统领圆桌骑士英勇无比的传奇故事。他们天生的野性和语言，在这片土地上代代相传，盎格鲁-撒克逊人涉足之地，无不有着他们的特征。

无论是高高在上的温莎宫，还是英格兰最贫穷的人家（甚至包括美国人），都有5世纪时涌入不列颠岛盎格鲁-撒克逊人的后裔。他们究竟是怎样的一个民族呢？如果要了解今天的英格兰，那我们就必须先了解盎格鲁-撒克逊人。我们知道，他们蓄着胡须，体格健硕，面色红润，肤色白皙，发色偏淡，蓝色的眼睛里透着冷漠。然而，光知道这些远远不够。我们应该了解，那冷漠清澈的眼睛背后，隐藏着怎样的灵魂；那健硕的胸肌下，跳动着怎样的心脏和脉搏。

他们生性野蛮，却懂得彼此关怀、彼此忠诚，造物者赐予了他们强健的体魄和勃勃的野心，他们是无法被驯服的野蛮人，但不失

[①] 亚瑟王，凯尔特神话传说和中世纪野史文献中记载的人物，一说是古不列颠最富有传奇色彩的国王，一说是圆桌骑士的首领。——译者注

一颗高贵的心。

他们也有自己的理想和信念,这些在他们古老的歌谣和史诗中都有体现。他们如野兽般野蛮无情,但常常是为了坚定地履行职责,为了正义而做出残忍之事。他们行动迟缓,喜欢暴饮暴食,看似没有一丝柔情,也从不曾轻松自在地生活,然而,在他们阴郁而诚挚的内心深处,却不乏有着令人崇敬的闪光点。他们没什么文化,却颇具英雄气概。在这些无形却高贵的品质背后,他们的宗教思想也开始生根发芽。所有这些品质都深深地影响着后来的英格兰人。盎格鲁-撒克逊人认为,婚姻是神圣的,女人是尊贵的。一人犯错,全族承担。人们有很强的责任感和使命感,更重要的是,这对他们的行为颇具约束力。

盎格鲁-撒克逊人的性格特征至今还影响着英格兰人的方方面面。从小屋里醉酒争吵的声音,到英格兰绅士宠辱不惊的姿态,这一切的一切,都有着盎格鲁-撒克逊人的痕迹。早在五世纪,那些喝酒打斗的野蛮人中,就有了汉普登①、弥尔顿②、克伦威尔③、约翰·布莱特④和格莱斯顿⑤等英格兰名人的影子。

一百五十年后,基督教成了他们的信仰。时光打磨了他们粗鄙的风俗习惯,他们的语言也发生了变化。然而,时光没有改变盎格

---

① 汉普登,即约翰·汉普登,英国革命时期议会派领袖。——译者注
② 弥尔顿,即约翰·弥尔顿,英国诗人、政论家。代表作品有长诗《失乐园》等。——译者注
③ 克伦威尔,英国政治家、军事家、宗教领袖。英国资产阶级革命的代表人物,是英国转为资产阶级共和国的关键性人物,后成为英国事实上的国家元首。——译者注
④ 约翰·布莱特,英国资产阶级激进派政治家。——译者注
⑤ 格莱斯顿,英国政治家,曾四次出任英国首相,被学者评为最伟大的英国首相之一。——译者注

鲁-撒克逊人的性格特质,他们的本心始终如一。强烈的正义感和对自由的坚定拥戴,是盎格鲁-撒克逊人最珍贵的品质——从前是这样,现在是这样,今后也永远是这样。这些永恒的品质,不仅铸就了英格兰一千四百年的历史(公元495—1895年),也塑造了美国的盎格鲁-撒克逊民族二百年的历史。

瑟迪克

我们的祖先从他们的家乡带来了一种简明公正的日耳曼式社会政治体系,其基础是"个体的自由"。家庭是最小的社会单位,多个家庭毗邻而居,由此组成了城镇,城镇之中的男子主要负责处理各种事务,他们还会召开会议,讨论决定各项事宜。

这就是"城镇会议"(Town Meeting)和"大众政府"(Popular Government)的原型,那些负责人帮助解决或调解各种疑难杂事,他们的行事风格和理念体现了未来立法机关和司法机关的工作理念,而其中的领袖——国王或"市议员"(Aldermann),与如今的国王不同,他们不是居高临下的压迫者,而是相对年长、经验更丰富、领导能力更强的人。第一位撒克逊国王瑟迪克(即亚瑟王),其实也不过是瑟迪克"市议员"。

最初,撒克逊是一个自由的民族。他们从不卑躬屈膝,不向强权低头。这个民族的文明比罗马文明优越得多,虽然他们生性残暴,但最终他们那野性的文明还是取代了建立在凯尔特-不列颠人政权之上的罗马文明。罗马的法律、语言、文学、信仰和习惯等,都一并退出了历史舞台，只剩一些建筑遗址、钱币、城墙和公路破损的碎片证明着那三百年的历史。

不列颠人近况如何？他们仍在爱尔兰和苏格兰地区，然而，除了威尔士和康沃尔（Cornwall）地区，英格兰再也没有了不列颠人的踪迹。同美洲的印第安人一样，他们流浪到了遥远而陌生的土地上，再也回不去祖祖辈辈生活的家园。这很残忍，却也无可奈何。

日耳曼人入侵

我们深知，凭着凯尔特人的文化根基不可能造就现在的英格兰，正如在柔软的沙地上不可能建造出宏伟的城堡。如果没有日耳曼人，法国可能还处于分崩离析的状态。天才往往眼高手低，他们追求高度，却忘记了打好基础。尽管凯尔特人天资过人，但随着历史的车轮滚滚向前，最终他们还是被淘汰了。在不列颠、高卢和西班牙，日耳曼人战胜了凯尔特人，取代了他们的地位，并吸收了他们的文化。如今，数个世纪过去了，再也没有一支凯尔特民族取得独立。苏格兰高地和爱尔兰地区通用的盖尔语（属凯尔特语系），以及威尔士和布列塔尼（Britney）地区的民族方言，已经成了一种少数民族语言，那个曾经占地面积超过如今的德国、希腊和拉丁民族国家总面积的民族，也成了少数民族，退出了历史的舞台。再说说爱尔兰，爱尔兰人面对的是一个根本无法匹敌的对手，他们本就属于凯尔特这个正在走向灭亡的民族，他们被抽丝剥茧，只剩下最后凝聚着精华的丝线贯穿于其他普通而又坚忍的民族之中。

北海岸边的一个草木茂盛的岛屿，注定要孕育出一个伟大的帝国。古罗马人在这里打下根基，凯尔特-不列颠人在这里繁衍生息，再加上一个腐败衰落的文明，不仅造就了一个国度，而且也影响了整个世界的历史进程。我们野蛮的祖先带着石勒苏益格-荷尔斯泰因地区原始、简洁而坚实的社会根基，在英格兰大地上形成了一个新的民族。它不是波斯文明，不是希腊文明，也不是罗马文明，然而，这个民族取其精华、去其糟粕，形成了最为先进的文明，成了未来文明的先驱者。

日耳曼民族之中，最先入侵英格兰的是朱特人①。公元449年，亨吉斯特②和霍萨（Horsa）抵达英格兰东南端点，也就是现在的肯特郡（kent），由此拉开了日耳曼人入侵的序幕。不久，盎格鲁人也抵达了英格兰，侵占了撒克逊人不曾占领的地方（北海岸和东海岸）。就这样，所有的主角粉墨登场，一出好戏即将上演。盎格鲁人想以自己的名字命名这块土地——盎格鲁之地，而撒克逊人则在这里称王，从亚瑟王到维多利亚女王，代代相传，生生不息。

巩固英格兰王国

后来，盎格鲁人和撒克逊人，曾经并肩作战的兄弟，因忌妒彼此的地位和财富，开始反目成仇，彼此迫害。当时，英格兰分为

---

① 朱特人，日耳曼人其中的一个分支。——译者注
② 亨吉斯特，英格兰传说中的一位国王。相传，他与弟弟霍萨同为第一批迁徙到不列颠岛的盎格鲁-撒克逊人的领袖。——译者注

七个小王国，四个盎格鲁王，三个撒克逊王，三百年来，他们一直试图消灭对方。最终，撒克逊人征服了盎格鲁人。他们本属同一民族，可能正因如此，最后才能做到真正的统一。后来的两个多世纪，撒克逊人一直处于统治地位，直到这两支民族漫长的斗争结束——撒克逊人获胜，撒克逊王统一了英格兰，一个伟大的帝国就此诞生。之前的那些小国家，如诺森布里亚（Northumbia）、麦西亚（Mercia）、东盎格利亚（East Anglia）、肯特（Kent）、塞西克斯（Sussex）、东撒克逊（Essex），则统统成了帝国的郡县。

公元802年，查理曼大帝（Charlemagne）忙着统一疆域辽阔而政权混乱的罗马帝国。与此同时，亚瑟王的后代、撒克逊王艾格博特王（Ecgberht）也在忙着统一规模较小、建立时间较长的英格兰王国。就这样，统一的历史就此开始了。

日耳曼人占领英格兰之后，虽然抹掉了基督教存在的痕迹，可是，它仍在爱尔兰-不列颠人中保留了下来。更重要的是，他们充满了对基督教信仰的热情，不仅保住了它的重要地位，甚至派遣传教士去皮克特人居住的高地，以及北海附近的边远地区进行传教活动。

罗马教皇格里高利[①]将这些行为都看在眼里，爱尔兰基督徒不仅热情澎湃，连活动的范围甚至都超过了拉丁基督徒，对此，教皇深受鼓舞，随即也开始进行传播基督教的活动，这一举措意义重大，对后世的影响也很深远。

---

① 格里高利，罗马教宗的称号。其中，最为著名的是格里高利七世和格里高利十三世。——译者注

第二章

奥古斯丁

公元597年,还是在肯特郡,那个在公元449年亨吉斯特和霍萨登陆的地方,一队自称为"来自罗马的客人"的人,在奥古斯丁[1]的率领下抵达英格兰。

他们庄严地朝坎特伯雷[2]走去,胸前挂着银制的十字架,手持基督画像,一边走一边不断地向上帝祷告,基督教就此进入了英格兰。而一百五十年前,日耳曼人的宗教也正是经由此地,开始扎根于英格兰的土地之上。

对主神欧丁[3]和雷神托尔[4]的信仰已经无法满足盎格鲁–撒克逊人渴望的灵魂,新的信仰传播十分迅速,它的魅力好似一盏明灯,照亮了过去和未来所有的黑暗。

---

[1] 奥古斯丁,中世纪欧洲基督教神学、教父哲学的重要代表人物。——译者注
[2] 坎特伯雷,英国东南部的非都市城市。——译者注
[3] 欧丁,北欧神话里的主神。——译者注
[4] 托尔,北欧神话里的雷霆与力量之神。——译者注

埃德温

一位年长的官员对当时的诺森布里亚国①国王埃德温（Edwin，埃德温区就是以他命名的）说："陛下，凛冬之夜，一只鸟儿飞入皇宫，它从黑夜中来，又回黑夜中去，我们的生命亦是如此！如果这些陌生人能告诉我们，任何关于真神的消息，我们不妨听听看！"

就这样，国王埃德温成了基督教最早的信徒之一，不到一个世纪，整个诺森布里亚国的民众都成了基督徒。

随着基督教被广泛接受，这里人的生活和生命也焕然一新。

卡德蒙

卡德蒙②，原本是诺森布里亚国的农民，他大字不识一个。据说，某天晚上，有位天使出现在他的梦中，并教他"唱歌"，"他恭敬地顺从天使的话语"，于是，许多关于属灵的诗篇，如从上帝创世开始，到基督升天，以及上帝对人类末日的审判等，他都一一记录下来。英国文学就此萌芽。

一千年后的作品《失乐园》，也不过是致敬了这位农民诗人——7世纪时的弥尔顿。

---

① 诺森布里亚国，由盎格鲁人建立的盎格鲁-撒克逊王国。——译者注
② 卡德蒙，盎格鲁-撒克逊诗人，著有《卡德蒙的赞美诗》。——译者注

贝德

8世纪时，天主教圣人贝德[1]，一位同样来自诺森布里亚国的教士、学者、作家，为他的民族和国家写下了第一部史书，并在作品中探讨了天文学、物理学、气象学、医药学和哲学等众多领域的问题，虽然这只是科学的雏形，并不成熟，但是孕育着后来的"英国科学促进会"和"英国皇家学会"。如果说卡德蒙是英国诗歌之父，那么贝德便是当之无愧的英国科学之父。

阿尔弗雷德大帝

公元871年，阿尔弗雷德[2]继承了祖父艾格博特的王位，也正是在他的统治时期，英国的科学发展达到了巅峰。

他树立了最完美的国王形象，他对国家的格局了如指掌，并且掌控全局，他不为利益所驱，思维清晰敏捷，对科学知识更是充满渴求。

很少有国王能配得上"大帝"二字，阿尔弗雷德就是其中之一。他首次提出了国家法律的概念；他修订了诺森布里亚国的司法管理条例，以《十诫》[3]为序言，以"黄金定律"为结语；他对卡

---

[1] 贝德，或称圣贝德，英格兰天主教会教士。——译者注
[2] 阿尔弗雷德，盎格鲁-撒克逊时期英格兰威塞克斯王国的国王。——译者注
[3] 《十诫》，传说中上帝耶和华借以色列的先知和首领摩西向以色列民族颁布的十条规定。——译者注

德蒙、贝德、格里高利大主教和波伊提乌（Boethius）的作品，尝试进行翻译、编辑、注解，有时还对他人的意见提出自己的见解，且各个领域的书籍均有涉猎。

阿尔弗雷德大帝不仅是英格兰司法系统的奠基人，也是其文化和文学的引路人。1849年，在他的家乡万蒂奇（Wantage），人们为伟大的阿尔弗雷德大帝举行了一千年诞辰纪念活动。

然而，英格兰还是不可避免地走向了衰败，阿尔弗雷德大帝的领导才能尽管卓越，但也无济于事，甚至还加速了英格兰衰败的进程。自撒克逊王开始用神秘的"君权神授"来美化自己时，君和民之间的差距，从小小的一个台阶变成了一道鸿沟。人民的地位降到了最低层，然而，正是这个底层的阶级蕴含着英格兰的核心力量，而这种等级划分也决定了英格兰必然会走向衰败。

日耳曼人入侵英格兰时，从家乡带过来一群所谓的奴隶，或称"不自由民"。数个世纪以来，这原本小小的群体大都是战争俘虏，还有一些人因饱受苦难、负债累累，不得不把自己和家人卖了，沦为奴隶。虽然主人不会鞭打奴隶，但奴隶在主人眼里不过是一种工具，地位和牲畜没有两样。

另外，再加上政治和社会动荡，英格兰的总体局势不容乐观。随着小王国疆域的扩大，英格兰国王统治的疆域也越来越大，这进一步使得国王的权力不断提升，他离人民越来越远了。每占领一块疆域，国王的地位就会越来越高，而人民的地位却越来越卑微，从前的自由平等已经在英格兰沦丧了。

英格兰的大众政府退出了历史舞台。毕竟早期的会议有赖于自由的个体，上帝和法律才是至高无上的存在。如今，许多人沦为奴隶，被迫服从主人的命令去田里耕种，且一切都要听从主人的安排。曾经的自由不复存在，政府也不再得人心，这就导致了盎格鲁-撒克逊政权的衰落，很快，他们被丹麦人所取代。

一直以来，北欧人威胁着英格兰和苏格兰的安全，他们总是处处提防，担心北欧人会从无人防守的海岸口入侵。这些北洋之民如野兽般凶猛，他们闯入英格兰，然后将战利品带回家。他们还有口号，"能抢来的东西，绝不用劳动赚取"，并且这让他们引以为荣。然而，来自北方的丹麦人却不是这样。他们想要的，是永久的征服，他们要在这里建造帝国。实际上，早在阿尔弗雷德大帝时期之前，他们多少已经占领了英格兰的一小部分领土。阿尔弗雷德大帝最大的功绩之一，就是将这些北洋入侵者赶出了英格兰。公元1013年，在丹麦国王斯汶[1]的带领下，丹麦军队再次侵入英格兰，经过短暂而激烈的斗争后，这个早已衰落的王国落入了丹麦人手中。

克努特

克努特[2]，斯汶一世的儿子，继承了他父亲的辉煌战绩，打败了苏格兰国王邓肯[3]（后来被麦克白[4]杀害），并渐渐地实现了自己

---

[1] 斯汶，即斯汶一世，第一位征服英格兰的丹麦国王，亦是英格兰国王。——译者注
[2] 克努特，丹麦国王，英格兰国王，且是第一个被英格兰人承认为国王的丹麦人。——译者注
[3] 邓肯，即邓肯一世，苏格兰国王。——译者注
[4] 麦克白，十一世纪苏格兰王国国王。——译者注

的伟大愿景——创造一个伟大的斯堪的纳维亚（Scandinavian）王国，包括丹麦、瑞典、挪威和英格兰。克努特是被载入英国史册的伟大人物之一，然而，他还是无法改变历史的潮流。一旦他的命令遭到了违抗，他便认为自己遭受了极大的屈辱，据说，他不再戴皇冠，因为他认为国王这个称呼比自己还要重要。

丹麦人虽然是外来入侵者，但是对英格兰来说，他们也不完全算是外人——两个民族的语言几乎一模一样，他们遥远的血缘关系，也减少了英格兰的亡国之恨，而克努特对英格兰来说，更像一个睿智贤明的国王，而不是一个征服者。

忏悔者爱德华

然而，即使是这样一个强大帝国的缔造者，其生命却很短暂，帝国的统治时间也不长。克努特的儿子们昏庸无度、残暴至极，在统治四十年之后，盎格鲁-撒克逊人再也无法忍受，之前的残余势力也死灰复燃，于是，他们奋起反抗赶跑了这些外来入侵者。撒克逊王爱德华复位，后世称其为"忏悔者爱德华"。

爱德华的性格更像一个教士，而不是一位国王；他更像一位圣人，而不是一位君主。他将所有的国家事务都交由戈德温[①]伯爵处理。戈德温是英格兰史上最伟大的政治家之一，他既没有当过神父，也没有成为国王。他非常精明能干，且重权在握，成了英格兰

[①] 戈德温，第一位威塞克斯伯爵，也是后来的英格兰国王哈罗德一世的父亲。——译者注

实际的统治者。1066年,爱德华过世了,他膝下无儿无女,戈德温的儿子哈罗德[1]就继承了王位,戈德温这才不再理政。

哈罗德

一直以来,外国军队的侵扰,使英格兰处于永无宁日的动荡之中。公元1000年左右,撒克逊王和诺曼底公主的联姻,缓解了紧张的局势。这位诺曼底公主就是后来的"征服者威廉"[2]的祖母。爱德华死后,英格兰王位后继无人,野心勃勃的征服者威廉(当时是诺曼底公爵)凭借和诺曼底公主的血缘关系,萌生了争夺英格兰王位的念头,很快,他就渡过了英吉利海峡,朝着英格兰王位进军。

征服者威廉(威廉一世)

征服者威廉坚称,爱德华承诺将王位传给自己,而哈罗德也说过一定会帮助自己取得王位和王权。但是在爱德华死后,他听说哈罗德继位的消息时,心中充满了愤怒,他愤怒的不只是因为他失去了王位,更是因为他遭到了朋友的背叛。

---

[1] 哈罗德,即哈罗德二世,盎格鲁—撒克逊时期韦塞克斯王国的末代君主。——译者注
[2] 征服者威廉,即威廉一世,英格兰诺曼底王朝首位国王。——译者注

面对种种阻挠和艰辛，威廉召集了一批心存不满的贵族和各族首领，伐木造船，并凭借掠夺而来的资源，朝着英格兰进发。他面对的既可能是空前的胜利，也可能是彻底的毁灭。

著名的贝叶挂毯①（Bayuex Tapestry），记录了黑斯廷斯战役②的种种细节：征服者威廉发射了一支利箭，射中了哈罗德的眼睛，进入了他的头颅。就这样，仅仅戴了十个月的王冠，随着哈罗德的头颅一起归于尘埃。因为愤怒，威廉甚至没有将哈罗德的尸体埋葬。

威廉曾是法国诺曼底的公爵，而今成了英格兰国王。他宣称，自堂兄爱德华死后，他就是王位最合法的继承人。他还声称，那些支持哈罗德的人都是叛徒，并且把他们的土地都没收为国王所有。由于当时几乎所有人都是向着哈罗德的，因此，这样一来，几乎全国的财富都落入了威廉手中。而且，这不是赢家随心所欲的安排，而是英格兰法律给予威廉的权力。

长久以来，封建制度已经逐渐破坏了英格兰的自由主义。国王身边的贵族们要求爵位世袭，且想获得独立的军事权和司法权，并且干涉国王继承人选和与法国数世纪以来的关系。威廉生来就是一个统治者，他知道当国王的危险，也知道如何解决。他利用英格兰早期的法律，在旧时地方法庭设立法官职位，每一个自由的公民都可以去法庭处理纠纷，而这些法庭由国王直接掌控。在德国和法国，人民仅听命于自己的直属领导，其他领导的命令不必听从，哪

---

① 贝叶挂毯，创作于11世纪，也被称作巴约挂毯或玛蒂尔德女王挂毯。——译者注
② 黑斯廷斯战役，公元1066年，英格兰国王哈罗德和征服者威廉各自带领军队在黑斯廷斯地域进行了一场战役，最终以征服者威廉获胜而告终。——译者注

怕是国王。而在英格兰，从这时起，人民则直接效忠于本国国王。

威廉当时手里已有巨大的财富，于是他赏赐了许多土地和房屋给跟他一起打天下的跟随者。也就是说，他掌控了整个国家的土地和房屋，并以此来收买人心。加之所有的军队都由威廉支配，所以整个国家也由他牢牢地掌控了。与此同时，一种新的土地所有制开始萌发，封建制度正在逐步瓦解。

1215年，国王约翰向贵族妥协，签署了《大宪章》，其后来成为君主立宪制的法律基石。

由于很快通过了《大宪章》，因此伦敦城获益良多。但说来讽刺的是，《大宪章》上的署名并不是国王约翰的名字，而只是盖了他的章。

威廉建造了伦敦塔，用以保护伦敦，还建造了城堡、宫殿和监狱等。如今，这些被视为英格兰高矮不一的堡垒的鼻祖。

威廉还保护了当时不被法律认可的、备受歧视的犹太人。不过，他这么做并不是出于善心，而是因为他看中了犹太民族善于积累财富的能力，若事出紧急，他就可以想方设法地利用犹太人积累的钱财。就这样，威廉聚敛了犹太人积聚的大量钱财。这些钱财首先用以建造石头房屋，就此英格兰本土的建筑业开始起步。不仅如此，英格兰人还拿犹太人的钱财来建造城堡和教堂，唤醒了人们沉睡已久的审美观。通过和西班牙犹太人及东方犹太人的接触和联系，英格兰人将许多科学知识带入国内，科学就此得到启蒙。一个半世纪后，英格兰诞生了一位伟大的科学家罗杰·培根[①]。

[①] 罗杰·培根，英国著名的哲学家和自然科学家，唯名论者，实验科学的前驱。——译者注

这所有的成果并非一蹴而就。在征服英格兰二十年之后，威廉下令对全国土地资源进行调查和评估，然后将结果记录在《末日审判书》①上，这样他便可以准确地知道本国所有的土地资源，并以此来规定税额。威廉召集所有贵族和大地主到索尔斯堡平原会面，巨石阵里那些不可名状的石头见证了这样一个诡异场景：六万贵族和大地主庄严宣誓，哪怕违抗藩属国君主的命令，也要誓死忠于威廉国王。这次会面很成功，大家顺利地完成了任务。威廉用自己极高的智慧和敏锐的洞察力，使两个文明和谐相处，并在最关键的时刻阻挡了封建制度带来的毁灭性伤害，而且保证了每一个英格兰人的自由。因此，诺曼底征服者实际上保护了英格兰的旧自由，而这一切都源于威廉实施的种种措施。

威廉的性格具有双重性，既有古挪威人的特点，也有撒克逊人的特色，两种特点奇妙地融合在一起。他是他们民族杰出的代表，身上有着勇敢和强硬，却不失温柔，且充满抱负。在复仇这件事上，他从未有过一丝仁慈。曾经有人将兽皮挂在城墙上，以此侮辱威廉的母亲（制革工人的女儿），威廉便把他们抓起来，挖出他们的眼睛，砍下他们的手脚，然后将尸体扔到城墙上。他还拒绝埋葬叛徒哈罗德的尸体，这些行为都说明他身上有着北洋之民残暴的特质。但是，威廉又是未来文明的先驱者，他不能容忍死刑的存在，他很乐于与温柔虔诚的主教安塞姆（Anselm）探讨生命的秘密。

征服还有一个好处，那就是丰富了文明。罗马继承了古王国留下的文明，英格兰又通过征服法国，继承了拉丁文明，二者相互融

---

① 《末日审判书》，又称"最终税册"，由英格兰国王威廉一世颁布，正式名称是《土地赋税调查书》。——译者注

合，英格兰便有了当时世界上顶尖的文明。法国的科学知识也促进了教会的改革。日耳曼式简单而有效的权力系统，再加上罗马的法律体系，造就了独一无二的先进的社会制度，英格兰所有部门都使用这个先进的体制。而且，英格兰的语言也变得更加精练、灵活和丰富。

此外，这些古老文明之间的相互影响，不断优化，使得英格兰的发展时间大幅缩短。不过，文明的彼此交融，并没有改变盎格鲁-撒克逊人的本质和语言。贪婪的日耳曼民族可以吸收所有的新兴元素，而保持自己的文明不变。《圣经》是用撒克逊语写的；班扬[①]的作品也是用撒克逊语写的；每一个英格兰人，一生都在说撒克逊语。非常认真的人——垂死挣扎的人——说的是撒克逊语。这个民族的性格特征如同语言一样，几乎没有改变。下议院、埃克塞厅会议有少量诺曼底人的踪迹，无论哪里也可以看到诺曼底人的痕迹。

5世纪时，穿越北海的"船只"带去了使英格兰变得伟大的特质。盎格鲁-撒克逊人利用征服他们的新文明和新制度来装扮自己，就像穿上了一件新衣服。不过，虽然有了文明的外衣，但本质却没有改变。

[①] 班扬，英格兰著名作家，著有《天路历程》等。——译者注

第三章

治安行会与自治市镇

一个国家的历史,不在于国王的深谋远略,而在于人民内心的盼望和斗争。在征服者威廉及他的两个儿子和一个孙子的统治下,英格兰的发展渐渐稳定。

随着社会的发展,英格兰人改变了原来撒克逊人以亲近的血缘关系来划分社会结构的状况,他们开始寻求保护,并与相似身份的人联盟,这样就形成了一种以占有资产的多少来划分社会阶层的体系。

9世纪到10世纪,"治安行会"(Firth-Gilds)或称"和平俱乐部"(Peace Club)开始在欧洲出现。在德国和高卢,对这种俱乐部是严厉打击的,但在英格兰,却深受阿尔弗雷德的喜爱与推崇。俱乐部成员十分团结,他们的口号是"一人犯错,众人同担"。阿尔弗雷德从这句话里看到了"家庭"的扩大化概念,而这个"家庭"也是撒克逊的社会结构基础,若采用这种更大化的理念,那这个国家也就会迈出扩张的脚步。因此,大征服之后,极富侵略野心的国王忙着吞并爱尔兰和法国,或是与力量薄弱的爵士们进行斗争。同时,商人、工匠以及教会则正在组建一支力量更强劲的队伍，准备迎接更艰难的战争，并且去完成一项更持久的事业。

整个国家真正的生活和生命就体现在这些"治安行会"和"自治市镇"之中。正是那些商人和工匠在中央集权的制度下，冲破险阻，将言论自由、集会自由和真正的公平带给了人民。人民逐渐取得了一项又一项自由的权利，这一切的一切，与贵族或骑士们没有什么关系，而是由坚强的劳苦大众和工匠们拼搏得来的。盎格鲁-撒克逊人默默地为英国的自由主义打下了坚实的基础。

威廉二世[1]

征服者威廉将英格兰王位传给了他的二儿子威廉·鲁弗斯，也就是威廉二世，而将诺曼底传给了他的大儿子罗伯特（Robert）。1095年，也就是威廉死后的第八年，欧洲的骑士与东方的撒拉逊人[2]之间爆发了一场非同凡响的战争。罗伯特为了筹集资金参加这次战争，将诺曼底抵押给了弟弟，然后开始了向法国西部挺进的征程。经过五十多年的武装斗争和相对和平的联姻手段，英格兰领土从苏格兰边界延伸至比利牛斯山脉[3]。

---

[1] 威廉二世，征服者威廉一世的次子，英格兰诺曼底王朝第二位国王。——译者注
[2] 撒拉逊人，中古时代的阿拉伯人，如今叙利亚到沙特阿拉伯之间的沙漠牧民。——译者注
[3] 比利牛斯山脉，欧洲西南部山脉，东起地中海海岸，西止大西洋比斯开湾畔，全长约 430 千米。——译者注

亨利一世

征服者威廉的小儿子亨利①（一世），接替了兄长威廉·鲁弗斯的王位，也继承了父亲的管理才能，完善了父亲所构想的政府蓝图的细节。他建立了一套司法系统，除了他自己和皇家牧师，还建立了一个议院，院长担任大法官。另外，他又建立了另一个议院，这个议院的王公贵族们每年要开三次会议，主要处理有关国家财政收入的事务。他的会议桌就像一个棋盘，参与会议的贵族们被称为"财政大臣"（Barons of Exchequer）。亨利还十分睿智地创造了一个贵族圈，旧贵族很看不起他们，对他们报以轻蔑嘲讽的态度，但是，新的贵族圈却中和了旧贵族的高傲姿态，使得贵族与人民之间的距离越来越小。

因此，亨利执政的三十五年，逐步实现了父亲的伟大目标。他和撒克逊公主的结合更是抹去了外族入侵的阴霾，而且撒克逊王的血脉得以纯正地传承下去。然而，年轻的王子从诺曼底回国时，与一百四十名年轻的贵族登上了"白船"②，却再也没有回来。据说，亨利得此消息伤痛欲绝，甚至再也没有笑过。亨利死后，他的侄子史蒂芬（Stephen）即位成为国王，执政二十载。

---

① 亨利，征服者威廉的幼子，英格兰诺曼底王朝第三位国王。——译者注
② "白船"，1120年11月，该船在今诺曼底附近的巴夫勒尔海域发生海难，船上只有两人生还。——译者注

亨利二世

不过,亨利一世的女儿——撒克逊公主玛蒂尔德(Matilda),重新延续了撒克逊的皇室血脉,因为她嫁给了法国昂儒侯爵杰弗里(Geoffrey)。这位人称"美男子"的杰弗里,头盔上总是佩戴着一支昂儒金雀花,由此,人们称他和玛蒂尔德的儿子——英格兰亨利二世①为"金雀花"亨利。

亨利二世及其后代统治的时期,也被称为"金雀花王朝"。王朝的第一位统治者亨利二世是一位身体强健、生性残酷,但又脚踏实地的革命者,他从不多愁善感,对国家的管理和规划也是胸有成竹。

贝克特之死

亨利二世登上王位之后,首先做的事情就是想办法削弱教会日益增长的权力。他规定,教会要受民事法庭的管辖和制约。为此,亨利二世结交了教堂的主教托马斯·贝克特②,后来任命他为大法官,以帮助自己达到限制教会权力的目的。但是,贝克特当上坎特伯雷大主教之后,却变成了教会的维护者,而不像亨利二世所希望的那样对教会的势力加以压制。贝克特破坏了亨利二世的计划,使

---

① 亨利二世,英格兰金雀花王朝首位国王。——译者注
② 托马斯·贝克特,英国坎特伯雷大教堂主教,亨利二世的大法官。——译者注

其恼羞成怒,他本想将贝克特培养为易于操控的傀儡,结果事与愿违。就这样,亨利二世与大主教贝克特一直处于冲突对立的状态。终于,亨利忍无可忍了,一怒之下,他说道:"要是能有一个勇士去杀了贝克特这个身份下贱的主教就好了!"这句话被人们认为是国王下达的命令,四个骑士迅速赶往坎特伯雷大教堂,将贝克特杀死在了祭坛上。亨利二世得知此消息后,心中充满了悔恨,觉得自己是最残忍的凶手,他跪在贝克特的尸体边,不断地叫人用木条鞭打自己。这场残忍的谋杀,引起了整个基督教世界的恐慌。亨利二世追加贝克特为圣人;他的墓地有着许多的传说,数百年来,许许多多遭受苦难的人们都会到坎特伯雷贝克特的墓前,想一睹圣人的安息之所,以此寻求心灵的慰藉,治愈疾病。

然而,亨利二世的目的还是达到了。在他的统治时期,教会一直归皇室法庭管辖。他还继续完善亨利一世实行的司法系统重建工作,将英格兰划分为多个司法区域,这样一来,完全限制了贵族的司法管辖权,而就此形成的司法体系与当今的司法体系也大致相同。此后,随着法庭类型的不断更新换代,他还发明了上诉法庭,包括"星法院"①和枢密院②。

但是,真正能够有效限制贵族势力的,就是恢复从平民中征兵,这样一来,国王就不用再依靠贵族的军事力量,不再受限于他们。

两位爱尔兰酋长发生了激烈的冲突,亨利二世受邀去协调,最后,他不但解决了冲突,还顺手将爱尔兰收入囊中,使其成为英格

---

① 星法院,以滥刑专制闻名于世,1614 年被废除。——译者注
② 枢密院,英国君主的咨询机构。——译者注

兰的属国，并亲自指派总督管理。历史总是惊人的相似，当年撒克逊人守卫不列颠免遭皮克特人和苏格兰人入侵的戏码再次上演了。

亨利二世——金雀花王朝的第一任国王，性格暴躁，脖子粗短，腿如罗圈，敏锐、粗野、固执而充满激情，他让英格兰变得愈发强大，愈发自由，然而，他却变得愈发专横起来。这样一来，亨利二世的继承者们丢弃了先辈的优秀品质，反而继承了其骄傲放纵的个性。

听闻自己最喜爱的儿子约翰（John）想谋反篡位的消息，亨利二世心如刀割。1189年，亨利二世在失望中去世。这位头脑冷静又务实的老国王将王位留给了一位浪漫的梦想家——理查。然而，理查甚至都不会说自己国家的语言。

理查一世

理查一世[①]（狮心理查）是一位颇具浪漫主义色彩的英雄，但并不是英格兰历史上的英雄。国家政务他从未关心过，他的眼里只有圣地耶路撒冷，没有英格兰，执政期间，他几乎在圣地耶路撒冷待了十年。

一场战争重新点燃了丹麦人留下的冒险精神，整个英格兰对冒险充满了狂热。在劳民伤财的巴勒斯坦战争过后，英格兰只剩下一些建筑遗迹和纹章。然而，对于整个欧洲来说，在这场战争中的收

[①] 理查一世，英格兰金雀花王朝第二位国王，因勇猛善战而被称为"狮心理查"。——译者注

获是颇丰的。为了打仗，欧洲贵族大量的财产落入了市民手中，这也使得贫苦人民挣脱了束缚，打破了黑暗时代的魔咒。

狮心理查死时就跟活着一样，不是作为一位国王而死的，而是作为一位浪漫主义的冒险家死的。为了继续在巴勒斯坦的战争，他将财产藏到法国，为了保护这些财产，他被一支箭射中而亡。

约翰一世

1199年，狮心理查的弟弟约翰[①]继承了王位，也就是后来的约翰一世。他臭名昭著，下流、残暴、背叛是他的代名词。他的兄弟杰弗里娶了法国布列塔尼的康斯坦茨（Constance of Brittany），他们生下了儿子，并以凯尔特英雄人物的名字取名亚瑟。一直以来，约翰将亚瑟视为王位争夺者，莎士比亚的《哈姆雷特》并没有言过其实——亚瑟的叔叔约翰残酷至极，他认为只要亚瑟瞎了，就不会对王位构成威胁，于是便挖出了亚瑟的双眼。失去了双眼的亚瑟，即使有休伯特的保护，但最终还是难逃一死，一个铁石心肠的人在法国鲁昂结束了这个年轻的生命（1203年）。

当时英格兰国王也成了法国国王的封臣，法国国王菲利普（Philip）得知约翰杀害亚瑟的消息，召约翰到法国解释此事，然而，约翰没有出现。于是，菲利普将原属于英格兰的几个省份收回法国。1204年，约翰眼见着英吉利海峡至比利牛斯山脉的疆域被法

[①] 约翰一世，英格兰金雀花王朝第三位国王。——译者注

国占领，整个国家瞬间就只剩下英格兰地区。

我们现今在地图上看到的英格兰，仿佛挂在法国西部的一块石头，可即使这样，我们也知道这个小小的岛屿曾经是多么强大，是约翰的邪恶残忍，让它变得不堪一击。

事实上，英格兰最无能的国王成就了他的宿命。他的暴政、残忍，以及对人权的无视，最终招致了一场革命，而这场革命也是英格兰未来的奠基石，奠定了英格兰未来的自由。

《自由大宪章》

13世纪时，英格兰的贵族和民众联合起来反抗国王。他们起草了一份《自由大宪章》①，其条款主要是保护英格兰自由公民的平等权利的。两个世纪后，法国也发生了类似的变故，国王查理七世联合民众反抗贵族势力。

1215年，复活节那天，贵族们带领两千名全副武装的骑士，在牛津附近面见国王约翰，要求他在《自由大宪章》上签名。约翰很恐慌，于是便问他们签名的时间和地点。"时间是6月15日，地点兰尼米德。"他们回答道。

如今，这份发黄的、干巴巴的羊皮纸就保存于大英博物馆中，见证着这次革命的意义和成果。兰尼米德的老橡树下，约翰被迫在

---

① 《自由大宪章》，1215年6月，英格兰国王约翰在贵族与民众的联合施压下签署的具有宪法性质的重要法律文件。该文件的签署，旨在限制国王的权力。——译者注

《自由大宪章》上签名。数个世纪过去了，那棵古老的橡树已经是一个神圣的景点。

我们对约翰的印象是"君权神授"，现在这一切都结束了，他就发疯似的大喊："他们在我身上压了二十五个国王！"其实是指那25位负责履行《自由大宪章》条款的贵族。

一年后，约翰死了，至于其死因，有人说是因为长期的精神萎靡，有人说是由于饮酒过度，也有人说是被人下毒，但真相究竟如何，历史并没有给出解释。但是，英格兰民众并没有对这位签署《自由大宪章》的国王产生一丝悲痛。

第四章

亨利三世

约翰的儿子亨利三世[1],统治了英格兰五十六年。这个庸碌无能、优柔寡断、爱炫耀的国王,为了穷奢极欲的生活和不切实际的梦想,努力与贵族保持着和谐,但是他没想到的是,在他的王国内一股新兴势力已经崛起。

这时候,欧洲大陆上掀起了知识复兴的浪潮,而法国巴黎正是这场运动的中心。我们曾经提到,征服者威廉进入英格兰之后,备受歧视的犹太人将他们相对高级的文明带进了英格兰。随着他们的金钱而来的是知识文化,这些都是撒拉逊人教授给他们的。人们得以直接接触东方的古老文化,这些文化深深地影响了落后的欧洲。欧洲长期麻木的思想和落后的文化如同遇到了朝阳的晨雾般马上消散了,英格兰也终于守得云开见月明,牛津也就此重获新生。

彼时的牛津还不是如今高贵的学术殿堂,只不过是一帮来自英格兰、威尔士和苏格兰地区的乌合之众,及吵吵闹闹、寻欢作乐的年轻人,他们冲破了家庭的束缚,走到了一起。

---

[1] 亨利三世,英格兰金雀花王朝第四位国王,虽然在位时间长达56年,但他却是英格兰历史上最无名的国王之一。——译者注

他们就是一盘散沙,每当对教会和当时的政治举措有着激进的看法时,他们就会去街上抗议,因此,牛津的暴动成了每一次政治变革的序曲。

在这种暴动的环境中,人们的精神生活得到了极大的丰富和延伸。牛津大学的民主观念让国王震惊,敢于质疑现存知识的精神,也极大地震撼了教会。

这种古典学术的复兴,汲取了古希腊和拉丁的思想,引起了思想界的震撼。人们发现了一个前所未有的、广阔的世界,这个世界里蕴含着全新的知识和真理,完全抛弃、完全否定了过去落后的行为观念,一种敢于质疑、敢于否定的精神应运而生。他们此时才明白,为什么彼得·阿伯拉①会说"真理远高于信仰",为什么意大利诗人们要嘲笑"不朽"的幻想。这种新的思想要求人们尊重异教徒、尊重犹太人,因为正是这些人给欧洲带来了全新的思想。

罗杰·培根

罗杰·培根就是沉浸其中的人,无论新思想还是旧思想,他均有涉猎,他试图通过使已有的知识系统化来实现目标。他的《大著作》的意图原本就是想将这些知识传播给那些没有学识的人。然而,他的梦想还没有实现,他就去世了,而他的著作的价值,在多年后才被人们发现。

---

① 彼得·阿伯拉,法国神学家和哲学家,因用古希腊逻辑原理来阐释中世纪天主教教义而被认为是异端。——译者注

怀揣着父亲收回法国领土的梦想，亨利三世想方设法撤销了《自由大宪章》，与贵族和人民对抗。而贵族和人民由于共同的危机，紧紧团结在一起，在贵族西蒙·德·蒙德福特[①]的领导下，为了捍卫自己的自由而奋斗。

第一个真正的议会

在牛津镇，贵族和主教们召开了一个伟大的会议，这个会议也就是现在所说的"议会"。1265年，西蒙·德·蒙德福特不仅召集了贵族和主教，而且在每个城镇选了两位镇民参加，此外，还在每个区选了两位市民参加，这也是第一次有了一个真正的代表团体。平民百姓能和贵族、主教坐在一起，参加会议，这就已经跨越了身份和阶级的鸿沟。直到1295年，也就是三十年后，这种议会形式才真正有了法律效力。但这次的牛津会议已经出现了"上议院"和"下议院"的区别，"民有、民享、民治"的政权也由此开始。

---

① 西蒙·德·蒙德福特，率领英格兰贵族反抗亨利三世的统治，成为英格兰的实际统治者。——译者注

爱德华一世[①]

亨利三世的儿子爱德华一世继承了王位,在他执政期间,不仅重新批准了《自由大宪章》,还增加了一些特权条款。然而,对犹太人的赶尽杀绝,是他统治期间的一大败笔。

他占领了威尔士北部,这里,一直是不列颠人和威尔士人聚居的要塞,作为对被征服地区的补偿,他将威尔士的首领封为"威尔士王子"。

威斯敏斯特大教堂也是在这时修建完成的,并且开始成为英格兰杰出人物的安息之地。此外,火药的出现,使得骑士们多了一种抵御敌人的手段,而且苏格兰也被征服。还有,出现在威斯敏斯特大教堂的魔石,据说是苏格兰的守护神雅各布的枕石,并且这块枕石成了英国王室加冕的座椅,从那时起,这把座椅见证了每位英国国王的登基礼。

征服苏格兰

苏格兰被征服后没有像爱尔兰那样,它没有因为这次战争遭受什么磨难。苏格兰人没有选择低头屈服、任人宰割,他们不会束手就擒,相反,他们会奋起反抗。

[①] 爱德华一世,英格兰金雀花王朝第五位国王。——译者注

苏格兰国王罗伯特·布鲁斯[①]领导了一场伟大的革命，从而统治了英格兰，班诺克本[②]大捷也使得布鲁斯的名字有了光辉。

爱德华二世执政期间，他的名声十分狼藉，这使得他的王后伊拉贝莎让他禅位给他们的儿子，即后来的爱德华三世。从此，王朝的实权掌控在王后的情人罗杰·莫蒂默[③]手中。然而，出人意料的是，爱德华三世是个铁腕国王。刚满十八岁，他就组建了议会。莫蒂默也被绞死在泰伯恩刑场，他的母亲则被终身监禁。

旧日的英格兰已经离我们远去，如今的英格兰有着先进的代表议会制，有着代表人民意志的下议院，有着更丰富的知识储备，有着许多理想，有着庄严的威斯敏斯特大教堂，有着火药、编织技术等。邪恶的国王、贪婪的野心、权力的滥用，注定了英格兰的成长之路不会平坦，这种情况一直延续至爱德华七世[④]时期。1901年的结果早在1327年时就已有显现，当时爱德华三世刚刚登基。

征服苏格兰之后，爱德华三世又进军法国——这只是英格兰要征服荷兰的序曲，只是国王拓展疆域的野心。1346年，著名的克雷西战役[⑤]中，英格兰战胜了法国，这给好战的国王和他的儿子"黑王子"爱德华[⑥]带来了无尽的声望。榴弹炮也是在这场战争中首次使用，骑士和弓箭手们都嘲笑这小小的玩意儿，不曾想它的威慑力如此巨大。

[①] 罗伯特·布鲁斯，苏格兰历史中最重要的国王之一，曾领导苏格兰打败且统一了英格兰。——译者注
[②] 班诺克本，苏格兰中部的一座城市。——译者注
[③] 罗杰·莫蒂默，英格兰贵族，曾一度成为英格兰真正的掌权者。——译者注
[④] 爱德华七世，维多利亚女王和阿尔伯特亲王之子。——译者注
[⑤] 克雷西战役，英法百年战争中的一次经典战役，发生于1346年，最终以英国获胜而告终。——译者注
[⑥] "黑王子爱德华"，爱德华三世的长子，理查二世之父。——译者注

爱德华三世

爱德华三世的英勇战绩,给英格兰带来了无尽的荣耀,但英格兰之后也为此付出了沉重的代价。而且爱德华三世将王权上升到了一个至高无上的地位,财政支出也多了很多。他还将自己的儿子封为公爵、大地主或男爵们,从那个时候开始,就形成了完整的贵族阶级。他是英格兰的英雄,也是英格兰的标志性人物,但亦是他使得法国人开始觉醒,并使得他的继承者们陷入了一场持续百年之久的战争中。

"黑王子"死后,一场可怕的瘟疫"黑死病"席卷了战后奄奄一息的英格兰。曾经英勇无比的老国王爱德华三世,带着难过和忧愁离开了人世,结束了他传奇的一生。

理查二世

"黑王子"爱德华的儿子理查继承了王位,史称理查二世[①],他是金雀花王朝的最后一位国王。然而,这位金雀花王朝的最后一位国王既没有才华,也没有智慧,他祖父花巨大代价打下的江山,对这位软弱的国王来说,不过是个大累赘。战争像一个无底洞,需要无尽的人力物力,为了填补这个无底洞,国王必须征收极高的税款,这就激起了人们的愤懑。为了摆脱沉重的负担,各个阶级的人

---

① 理查二世,英格兰金雀花王朝最后一位国王。——译者注

们在铁匠瓦特·泰勒①的领导下开始反抗（1381年）。

最终，国王做出了让步，英格兰恢复了太平。然而，人们已经学会了一种反抗不公正待遇的新办法，空气中弥漫着新的气氛，他们开始思考，为什么极少数人才能锦衣玉食，而大多数人只能衣衫褴褛、食不果腹呢？这是英国第一次反对财富不均的革命，人们在街上常常能够听到这样的吟唱：

"彼时，亚当耕地，夏娃纺线，
　那时，何来绅士，何来贵族？"

早期的撒克逊王朝走向灭亡的原因，是国王和人民之间的悬殊越来越大。最初，人们总是逆来顺受、任人宰割，但是盎格鲁–撒克逊人从那时起就吸取了教训，知道了不该轻视人民的地位、践踏人民的权利。

约翰·威克里夫

约翰·威克里夫②，一直向人们揭露罗马教廷的种种恶劣行径，人们持续不满的情绪，让教皇和教廷非常惶恐。以牛津地区为中心的人们对教廷产生了质疑，他们开始调查教会专横独断的证据。威克里夫坚定地认为，《圣经》是基督教的根基，他还将《圣

---

① 瓦特·泰勒，英国农民起义的杰出领袖。——译者注
② 约翰·威克里夫，英国神学家，翻译家。——译者注

经》翻译为简单的撒克逊英语，让人们能够自行学习基督教导世人的话语。

16世纪的马丁·路德[①]的改革，正是对14世纪威克里夫的回应，他们都反对已经脱离了精神世界的教廷的专横独断的统治。教廷逐渐走向衰败的时候，将焦点放在了物质财富上，以此来引诱人们加入他们，目的就是想拥有更大的世俗权力。

与这些斗争紧密结合的是另一场斗争，那便是语言。当时英格兰盛行的语言有三种：教会里用的是拉丁文，上层社会用的是法语，而普通民众则是英语。英国诗人乔叟[②]写作的时候会根据读者来选择语言，威克里夫翻译《圣经》的时候也是这样。法语和拉丁语渐渐地退出了历史舞台，"王室英语"成了文学作品和交流通用的语言。

理查二世本可以成为一个睿智而伟大的国王，本可以平息和控制国内不同的势力，然而，他什么也没做。民众的不满情绪持续高涨，但这也不过是因王位而引起的权力之争。可怜的国王成了各个阶级和党派纷争的牺牲品，最终他被国会判定为没有能力继续掌权，于是便废黜了他。然后，将王位授予了他的堂弟兰开斯特郡的亨利[③]（1399年），金雀花王朝就此落下帷幕。

---

① 马丁·路德，16世纪欧洲宗教改革的倡导者，基督教新教路德宗的创始人。——译者注
② 杰弗雷·乔叟，英国小说家，诗人，著有《坎特伯雷故事集》。——译者注
③ 亨利，即亨利四世，英格兰兰开斯特王朝第一位国王。——译者注

第五章

兰开斯特王朝

　　亨利四世并不是继承了王位,而是被人挑选成了国王。他完全是由议会挑选的。亨利四世的父亲,兰开斯特公爵冈特的约翰(John of Gaunt),是爱德华三世的幼子。根据英格兰严格的王位世袭制度,王位的继承者还有两位,且都比亨利四世年长。其中一位是亨利四世的堂兄约克公爵理查,他称自己不仅是约克郡公爵的后代,还是克莱伦斯公爵的后代,而这二位都是爱德华三世之子。

　　这就引发了英格兰历史上有名的"玫瑰战争"。

　　这也表明了议会的权力有了极大的提高,甚至能够决定国王的人选。高高在上的国王,如今要臣服于议会。要是没有议会的准许,大臣的同意,亨利四世既不能制定法律,也不能征税。然而,贪污腐败之风已经弥漫,这就注定了英格兰多年来无法获得自由。

　　由于战争与王室的挥霍无度,国力逐渐衰微,民生凋敝。这也让下议院的成员们看清了现实,他们开始反抗。国家对所谓的异教的迫害,简直惨无人道,但压迫与反压迫的斗争还在继续。国王、牧师和贵族沆瀣一气,想方设法地扼制人民的反抗。

　　国王无法拒绝议会的决定,他便想方设法地将议会人员重新洗牌。于是，下议院通过自治市镇的贿赂及暴力手段，获得了足够的权力。英格兰人民付出巨大代价获得的自由再次受到了威胁。

亨利四世

　　亨利四世是兰开斯特王朝的第一位国王，他执政期间，迫害了许多教徒。臭名昭著的《异教法案》于1401年通过，第一个受害者是一位否认圣餐变体论的牧师，他被活活烧死。

　　神学家威克里夫留给人们的不是一个宗教派别，而是一种情感。追随威克里夫的教徒们被称作罗拉德派（Lollards），他们不是一个宗教派别，而是一群心怀革命精神的人，出于对当时社会的不满，他们团结起来发动运动，这场运动是出于怨恨，而不是爱。要是从根本上来说，他们的运动是一场反对不平等社会的革命。跟所有类似的革命一样，在这个过程中总会有一些愚蠢的行为，而这样的行为给了当权者理由，去压迫革命者。摒弃旧的信仰，相信新的信仰，对国家来说是非常危险的。

亨利五世①

亨利四世在位的十四年间，社会总是动荡不安，总有人觊觎他的王位。后来，他的儿子，爱好寻欢作乐的"哈尔王子"继位成为国王，即亨利五世，而他在位仅短短九年，不过，他取得的成就却是无人能及的。

彼时，法国由摄政女王执政，这位女王品行不端，常常与野心勃勃的公爵发生冲突。对法国来说，这是最为黑暗的时刻。阿金库尔战役②，亨利五世轻松打败了法国，打击了法国的士气，后来，还娶了法国的凯瑟琳公主为妻，自己则成了法国的摄政王。亨利五世追求凯瑟琳公主的过程被简单记录在莎士比亚的作品中，给这一段时光赋予了浪漫的色彩。

然而，亨利五世平静的生活被另一位国王打破了。亨利五世患病死了（1422年），留下他九个月大的孩子，他成了"英国国王"和"法国国王"，而亨利五世的弟弟，贝德福德公爵（Lord Bedford），则成了摄政王。

---

① 亨利五世，英格兰兰开斯特王朝第二位国王，1413年即位。他是继爱德华三世之后第二位对英法百年战争有重要影响的国王，打败并重创了法国，且成为法国王位的继承人。——译者注
② 阿金库尔战役，英法百年战争中著名的以少胜多的战役，发生于1415年。——译者注

奥尔良之战

在农村圣女贞德（Joan of Arc）[1]的带领下，法国军队解了奥尔良之围，赢得了这场重要的战役。

后来，查理七世成为国王。英格兰人被逐出了法国，百年战争以英格兰失败而收场（1453年）。英格兰失去了阿基坦[2]，自亨利二世以来，英格兰占据阿基坦长达两百多年，而且诺曼底也不再属于英格兰。

爱德华三世留给英格兰的阴霾，还在持续蔓延。一场英法百年战争不仅耗尽了英格兰的资源，也使它失去了自由，而且战败的压力使它喘不过气来。所有阶层的民众的情绪都到了极限。政府为此要负责，通常，会有很多人被弹劾、杀害，虽然会有反抗，但都会被镇压。

长期以来的社会动荡，使得英格兰的封建王朝逐步沦为了一片废墟，表面上看，它还非常强盛，但实际却只剩下一副空躯壳。就像一棵橡树，它的根早就腐烂了，只剩表面的枝繁叶茂，依然在随风飘动。沃里克伯爵[3]加入议会之时，身后有六百名身着制服，紧紧跟随的大臣。英法战争结束之际，杰克·凯德[4]领导两万人起义，与以往不同的是，这些起义者不是奴隶，而是农民和工人，他们希望政府能减少税收，希望能拥有自由选举的权利，希望自己的

---

[1] 圣女贞德，法国民族英雄，在英法百年战争中带领法国人民对抗英国，但最后被捕，并被处死。——译者注
[2] 阿基坦，今法国西南部盆地。——译者注
[3] 沃里克伯爵，英格兰大伯爵，玫瑰战争中著名的"国王缔造者"。——译者注
[4] 杰克·凯德，农民起义的领袖。——译者注

着装和生活不再受到限制，这也表明，他们明白了自己应得的权利，并且甘愿为此放手一战。

然而，个人对权力近乎疯狂的野心，将会毁掉英格兰。我们知道，由于议会的介入，兰开斯特家族成了王室，这违背了王位世袭的传统，根据传统，继承者应是最年长的约克郡公爵理查，他自称是莱昂内尔和爱德华的后代，而这二位都是爱德华三世之子，这也就给了他去争夺王位的理由。

玫瑰战争

从1450年到1471年，为了各自的目的，爱德华三世的后裔进行了一场毁灭性的战争，在这场战争中，他们将人性之恶表现得淋漓尽致。谋杀、处决、背叛等一系列阴谋诡计，足以让英格兰人永远憎恨"白玫瑰"和"红玫瑰"。

伟大的沃里克伯爵带领约克家族让支持"白玫瑰"的约克郡取得了胜利，将兰开斯特王朝的国王囚禁在塔楼中，将其妻儿流放到国外，并让爱德华（王位争夺者约克郡公爵理查之子，原本由理查继承王位，但他却战死沙场）成了英格兰国王。

于是，沃里克伯爵与玛格丽特王后进行了沟通，并让自己的女儿嫁给了年轻的威尔士王子爱德华。就这样，沃里克伯爵从战乱中捡起了红玫瑰，将自己亲手送进囚牢的囚徒再次推上了王位。可万万没想到，最后还是被约克家族拉了下来，再次沦为了阶下囚。爱德华的妻子被囚，他的儿子则被约克贵族刺杀，死在了图克斯伯里（Tewksbury）。同所有被囚禁的国王一样，亨利六世则"神秘"死于囚牢之中；沃里克死在了战场。而约克家族的爱德华四世继位成了国王，开启了约克王朝时代。

以上就是"玫瑰战争"和"国王缔造者"沃里克伯爵的简要概述。

约克王朝

"玫瑰战争"结束时，英格兰的封建主义真正沦为了废墟。根部腐烂的橡树被风暴刮倒了。曾经显赫的封建王朝已经毁灭。八十位国王已经湮没在了历史长河中，大多数贵族不是战死沙场，就是被处决、被流放到国外。人们甚至看到国王的连襟埃克塞特公爵（Duke of Exeter），衣衫褴褛地一家一家地乞讨。

王室没收了英格兰五分之一的地产，新国王获得了大量的财富。现在，他不再需要召开议会来决定自己的收入了。教士们不再有热情，没有生命力，再加上他们一直对科学发展持有的敌意，于是教会开始愈发依附于国王。而议会，尤其是没有什么实权的下议院，很少受到召集，几乎已经不存在了。在这场大灾难中，国王的权力达到了巅峰。

爱德华四世①

爱德华四世执政期间，拥有至高无上的权力。他没有什么需要畏惧的对手，唯一担心的就是自己图谋不轨的弟弟——格洛斯特公爵②理查（后来的理查三世）。爱德华四世执政的二十三年，理查一直处心积虑地为登上王位做着准备。

这位理查阴险狡诈，人格扭曲。爱德华四世死后，他可怜的儿子爱德华五世③就成了继承人，但是阴险叔叔理查却成了其监护人。后来，爱德华五世继位，叔叔理查则成了摄政王。

理查三世④

这位"监护人"是如何"监护"自己的侄儿的，可以说不言而喻，他将两个侄子——爱德华五世和约克郡公爵理查，囚禁于伦敦塔之中。人们都不敢相信，即使这两个孩子实际上已经遇难，然而，近两百年后，人们在通往他们监禁地的台阶下，发现了两个孩子的头骨，这似乎也证明了两个孩子被谋杀的事实。

---

① 爱德华四世，英格兰约克王朝首位国王，于1461年即位。——译者注
② 格洛斯特公爵，英国王室的一种爵位，实行的是长子继承制。——译者注
③ 爱德华五世，英格兰约克王朝第二位国王，爱德华四世的长子，后与其唯一的弟弟约克郡公爵理查一起神秘失踪。——译者注
④ 理查三世，英格兰约克王朝最后一位国王，爱德华四世之弟，在爱德华五世失踪后，继位为国王。——译者注

报应来得很快。两年后，理查三世死在了博斯沃思战役①中，那沾满鲜血的王冠，滚到了山楂树丛下。后来，王冠又被捡了起来，并戴在了一个更有价值的帝王头上。

亨利七世②

理查三世死后，兰开斯特家族的亨利·都铎登上了王位，即亨利七世，他与约克郡公主伊丽莎白的联姻，将红玫瑰与白玫瑰永久性地团结了起来。

印刷机的发明

这么多年过去了，国王们交相更替，平民百姓只是远远观望。即便人民失去了参与议会的资格，他们的精神世界却得到了极大的充实。卡克斯顿③建立了自己的印刷厂，"艺术品的保鲜艺术"——印刷术，让所有人都有机会接触到新知识。哥白尼发现了新的天堂，而哥伦布发现了新大陆。从此，太阳不再围绕着地球

---
① 博斯沃思战役，1485年，兰开斯特王朝和约克王朝之间最重要的一场战役，导致约克王朝最后一任国王理查三世的死亡。——译者注
② 亨利七世，英格兰国王，英格兰都铎王朝的建立者。——译者注
③ 威廉·卡特斯顿，英国第一个印刷商。——译者注

转，大地也不再是平坦的。古典思潮开始在牛津复苏，伟大的布道者伊拉斯谟建立了许多学校，并帮助人们为即将到来的变革做好心理准备。很快，德国传教士马丁·路德在教堂门口张贴了《九十五条论纲》①，开启了一场伟大的宗教革命。

---

① 《九十五条论纲》，是马丁·路德于1517年10月31日张贴在德国威登堡大教堂门上的九十五条辩论提纲，被认为宗教改革运动之始。——译者注

第六章

亨利八世[①]

1509年，一位十八岁的翩翩少年继承了王位，英格兰人民心中的希望再次被点燃。这位少年就是亨利八世。他聪明绝顶，为人坦率，彬彬有礼，且崇尚新知识与文化，各个阶层的人都十分喜爱他。在他的监督下，主教伊拉斯谟[②]满怀清教运动的热情，托马斯·莫尔[③]爵士对政治和社会有着"乌托邦"式的理想，他们都觉得，年轻的亨利八世是自己的知音。

通过与曾经的对手卡斯提尔王国[④]和阿拉贡王国[⑤]联盟，西班牙逐渐变得强大起来。于是，亨利八世被安排迎娶卡斯特尔国王与王后伊莎贝拉之女凯瑟琳公主。这位凯瑟琳公主比亨利年长六岁，原本是他的兄长亚瑟之妻，亚瑟死后，亨利八世便沉默地接受了她

---

① 亨利八世，英格兰都铎王朝第二任国王，是亨利七世与伊丽莎白王后的次子。——译者注
② 伊拉斯谟，中世纪著名的人文主义思想家，神学家。——译者注
③ 托马斯·莫尔，欧洲早期空想社会主义学说的创始人，以《乌托邦》而闻名于世。——译者注
④ 卡斯提尔王国，西班牙古国。——译者注
⑤ 阿拉贡王国，因阿拉贡河而得名，西班牙古国，今在西班牙与法国交界处。——译者注

为王后。

在弗朗西斯一世（Francis I）的统治下，法国的国力已经与西班牙旗鼓相当，而亨利八世也满怀雄心壮志，走上了更大的历史舞台，跨越英吉利海峡，去面对强大的敌人。法国征服的梦想，重新被点燃了。法国国王弗朗西斯一世和德国皇帝查理五世在争夺欧洲霸主的地位。随着他们之间激烈的竞争，亨利的野心也与日俱增，英格兰准备参与进来维护与德国的友谊。很快，亨利就如愿陷入了外交风波中，三个各怀鬼胎的国家都希望战胜其他两国，成为欧洲最强的国家。

沃尔西[①]

亨利八世所缺少的治国经验和技巧，由他的大臣、红衣主教沃尔西弥补了。沃尔西的目标就是成为坎特伯雷大主教，他巧妙地加入了王室的游戏中。这样的局面简直令人注目，然而，突如其来的意外阻挡了游戏的进程。伊拉斯谟和沃尔德的黄金梦想，即通过传播文化知识帮助英格兰逐渐强大的梦破灭了。

马丁·路德在威登堡大教堂门口张贴《九十五条论纲》中，反对教会出售赎罪券的行径。多个世纪以来，人们被压抑的希望、痛苦和失望，如洪水般爆发，震惊了整个欧洲大地。

英格兰既然加入了欧洲权力之争，便从一个三流国家，跻身于

[①] 托马斯·沃尔西，英国国王亨利八世的大法官，天主教大主教。后因在亨利八世与凯瑟琳王后的离婚案中没有起到作用而被流放。——译者注

欧洲一流强国之列。当时,宗教改革席卷了欧洲,但亨利八世抵制这种改革,传统的欧洲天主教自然十分满意亨利八世的做法。

然而,一个女人改变了这一切。从亨利八世看到安妮·博林(Anne Boleyn)的那一刻起,他的心就已经背叛了与自己兄长的遗孀凯瑟琳的婚姻。他向沃尔西吐露心声,而沃尔西答应帮忙与教皇沟通,使其同意亨利八世跟凯瑟琳王后离婚。然而,凯瑟琳王后是德国皇帝查理五世的姨母,而查理五世又是教会与新教斗争中的胜利者,得罪他可不会有好果子吃。因此,亨利离婚的请求没有得到准许。

此时的亨利八世早已不是十八岁时那般讨人喜爱了。他违抗了教皇的旨意,于1533年迎娶了安妮·博林,并且以大主教沃尔西不遵从自己的命令为由,将其罢黜。"是她把我拖下水的。"沃尔西这样评价安妮,他因没有说服罗马教皇被革除了教职,后来心瘁而死,也算是躲过了被绞死的命运。

亨利八世心中沉睡已久的恶魔已经苏醒。他从不违反法律,却会依着自己的意愿制定法律。他组建的议会里,都是一群唯唯诺诺之人。而且他还迫使议会同意自己与安妮的婚事。另外,他还规定自己可以选择王位继承者,并且使自己成为英格兰教会之领袖。罗马教皇不再是权威,而新教徒则在这场沾满鲜血的革命中,获得了胜利。

在亨利八世的统治下,他一人便可断定何为正教、何为异教,违背他意愿的人都要被送上绞刑台。天主教徒如果否认国王至高无上的地位,便要与否认"圣餐变位论"的新教徒们一起上街游行示众。这个时代的改革,不只是宗教上的改革,更是政治上的改革。亨利八世不承认路德主义的教条,然而,所谓过犹不及,信仰太深或信仰太浅同样都很危险。断头台上砍掉的脑袋,如同林中的落叶一般多。

三年后,那个改变了英格兰,甚至可以说改变了整个欧洲的王后安妮·博林,最终也走上了断头台(1536年)。

亨利八世的统治无疑是"恐怖政权",他打压每一个反抗者,并在反抗者们的鲜血和白骨上,建立自己的政权。贵族不再拥有任何权力,教会终日惶惶不安,议会也成了奴隶,甚至就连听到亨利八世的名字,他们都要跪下磕头!有个议员被亨利召去,"明天你们要通过我的法案,否则脑袋就不保了。"第二天,法案通过。数百万的教会财富便被充公,或挥霍于赌场,或进了国王的口袋。

托马斯·克伦威尔①接替了沃尔西的职位,成为亨利八世的得力助手。这位马基雅维利的信徒克伦威尔,杀人如麻,不带任何愤怒、遗憾和悔恨之情,平静地将人送上断头台,正如伐木工人砍树一样,就连最尊贵的王室之人也被他记在了小册子上,被冠上了"叛徒"或"异教徒"的名字。其中最聪明、最有才的人托马斯·莫尔,因坚持认为国王与凯瑟琳的婚姻有效,而付出了生命的代价。

安妮·博林被处死的第二天,亨利八世就娶了简·西摩(Jane Seymour)为妻,婚后不久,就生下了一个儿子(爱德华六世)。不幸的是,简·西摩在生孩子时难产而死。1540年,克伦威尔安排了一个相貌平平的德国女人——克里维斯的安妮(Anne of Cleves)嫁给了亨利八世。亨利八世可瞧不上这位平庸的王后,于是很快

---

① 托马斯·克伦威尔,亨利八世的财政大臣、首席国务大臣。——译者注

就离婚了。克伦威尔曾经让德国画家霍尔拜因①为亨利八世画过一张不是很好看的画像,本是玩笑,但亨利八世却怀恨在心,这就意味着克伦威尔危险了。1540年,克伦威尔被送上了断头台。同年,亨利八世迎娶了第五任妻子——凯瑟琳·霍华德(Katherine Howard)。然而,这位新王后最终也逃不过和安妮·博林一样的命运。

亨利八世的最后一位王后,凯瑟琳·帕尔(Katharine Parr),是一个满怀热忱的新教徒和改革者,和前几任王后一样,她原本也是难逃一死,却幸运地逃过了。当时的亨利八世已经五十六岁了,身体非常虚弱,1547年亨利八世去世,这位死神般的人,终于走到了生命尽头。

无论亨利八世改信新教的动机是什么,他的这一举动让英格兰的新教走上了迅速发展之路。说来奇怪的是,英格兰的命运是由两位最糟糕的国王改变的。

爱德华六世②

亨利八世死后,简·西摩的儿子继承了王位,史称爱德华六世。当时,十岁的爱德华看着父亲不断娶妻,并且对自己的两位姐妹——玛丽和伊丽莎白的王位继承权产生了怀疑,于是,年轻的

---

① 霍尔拜因,家族姓氏。——译者注
② 爱德华六世,英格兰都铎王朝第三任国王,亨利八世和第三任王后简·西摩的儿子。——译者注

爱德华六世将自己的表姐简·格雷①指定为继承人。简·格雷当时十七岁，心思非常缜密，且十分敏感，是个热心的革命者。她不仅喜欢阅读希腊和希伯来的作品，而且喜欢创作拉丁语诗歌。简·格雷是历史上有名的悲剧人物，她在无奈之下，登上了王位，然而仅仅十天，她年轻的丈夫沦为了阶下囚，不久被处死。令人意外的是，简·格雷的继承遭到了起义，甚至连新教徒也参与了进来。于是，简·格雷被囚禁了，而信仰天主教的玛丽登上了王位，即玛丽一世。议会宣布，亨利八世与第一任妻子，也就是阿拉贡的凯瑟琳的婚姻是唯一有效的，这也就意味着，亨利八世和安妮·博林的女儿伊丽莎白是私生女，于是她被囚禁在了伦敦塔中。她狠心的姐姐玛丽则正费心地找寻证据，试图指控伊丽莎白是革命的共犯。伊丽莎白的命运似乎也要走上断头台，无缘王位。

玛丽一世②

我们记得，玛丽·都铎的身体里流着残暴的西班牙国王和亨利八世的血液，那我们是不是就能认为她是残酷无情的呢？她与西班牙菲利普二世③的结合，很快就抹杀了父亲亨利八世对新教改革所做的贡献。与亨利八世不同，玛丽跟她的外祖母伊莎贝拉一世一

---

① 简·格雷，英格兰女王，在位仅仅十三天，英国历史上首位被废黜的女王。——译者注
② 玛丽一世，英格兰都铎王朝的第四任国王，虔诚的天主教徒，因大肆杀害新教徒，被称为"血腥玛丽"。——译者注
③ 菲利普二世，又译腓力二世，西班牙国王，玛丽一世的丈夫。——译者注

样，容易受信仰驱使。她认为，大肆迫害新教徒，才能拯救他们脱离炼狱，进入天堂。她性格虽残暴，但还有一丝良知，而且她非常希望能让信奉天主教的菲利普二世开心。然而，菲利普依然选择留在西班牙。当玛丽用烈士的火焰照亮整个英格兰时，加莱——自爱德华三世以来，英格兰占领这里已经两百多年了——英格兰在法国的最后一块领土，失去了。在国家事务和个人琐事的打击下，玛丽死了（1558年），而她仅仅执政五年。

伊丽莎白王位继承权的合法性受到了质疑，这就意味着她有可能会跟她母亲一样走上断头台。我们有理由相信，菲利普二世是扭转局面的关键。比起玛丽·斯图亚特[①]，伊丽莎白成为女王对菲利普二世来说更加有利，也更加合适。因为玛丽·斯图亚特的丈夫是法国王太子，而法国又是菲利普二世的劲敌，菲利普二世自然乐意支持信奉新教的英格兰，这总比让法国掌握欧洲大权要好！

[①] 玛丽·斯图亚特，苏格兰女王，法国王后，后因计划谋杀伊丽莎白一世失败，被处死。——译者注

第七章

伊丽莎白一世

伊丽莎白是亨利八世和安妮·博林的女儿,她在受尽磨难后,继承了王位,成为英格兰女王。如果当时的王室像现在这般看重血统的话,那英格兰也许会害怕这个不忠的王后和冷酷的国王的后代成为君主。然而,话说回来,玛丽一世的母亲凯瑟琳既虔诚又善良,但玛丽一世在英格兰的历史上却留下了血迹斑斑的一笔。出乎意料的是,伊丽莎白成了英格兰历史上最睿智、最伟大的女王。她的性格极为复杂,既继承了父亲的专制、无畏和肆无忌惮,又有母亲喜好娱乐的本性,而且还有她父母都不曾拥有的品质。

伊丽莎白和她父亲一样说一不二,但她懂得谨慎行事,掌控全局。她常常能够感知到潜在的危险,这来自她近乎本能的直觉,她可以为了躲避潜在的危险而果断放弃自己的目标。她也希望能得到更多的财富,但她治理国家十分谨慎,治国手段也极其温和,从不压迫。另外,父亲的专横,她也有所借鉴。

伊丽莎白虽是一名新教徒,但她并无心把新教作为英格兰的国教,也不像天主教徒那样在自己的小教堂里向圣母玛利亚祷告,而且,她还逐步瓦解了姐姐玛丽一世所巩固的天主教势力,对教皇的道歉奉承信也被收回。不过,她推行的宗教改革,并不像德国和法国的改革那样激进。她的改革就像她父亲推行的那样,温和、适度,更多的是政治改革,不是宗教改革。而她坚持的也只是宗教必须统一,并且由英国教会管理,此外,还增加了一些新的教条,比如她常说的"言论自由"。

事实上,这是伊丽莎白的父亲残暴态度比较温和的一种表达。教会的教条属于新教,只是表面上偏向于天主教,根据《至尊法案》(*Act of Superemacy*)的规定,女王仍旧掌握着对教会的最高领导权。伊丽莎白最大的愿望,就是想让国家和教会和平稳定、蓬勃发展,这就有赖于人们的相互理解、相互妥协。而英格兰国教也在很大程度上对人们做出了妥协,它尽可能地保持着自身原有的形式和习惯,这也是为了与天主教徒达成和解。

然而,新教徒认为自己的信仰受到了侵犯。从国外归来的难民,带回了加尔文主义[①]严格的信条,最终,他们单独建立了一个教会,有着更纯粹、更简单的基督教信仰,因此,这些人被称为"清教徒"或"非国教徒",因为他们的行为违反了《至尊法案》而遭受了迫害。

伊丽莎白身上阴柔的气质,完美地中和了其性格中阳刚的一面。她爱慕虚荣,喜欢谄媚之言,她野蛮任性、表里不一,而且她丰富的感情生活,给冷酷专横的女王增添了一道神秘的色彩。不过,在伊丽莎白的统治下,英格兰发展迅速。

伊丽莎白的婚事,也是极其重要的事。许多野心勃勃的人,都

[①] 加尔文主义,是法国著名宗教改革家、神学家约翰·加尔文的许多主张的统称。在现代神学论述习惯中,加尔文主义是指"救赎预定论"跟"救恩独作说"。——译者注

希望能娶到伊丽莎白,她的姐夫西班牙国王菲利普二世就是其中之一。由于父亲查理五世的退位,菲利普二世继位成为国王,他统治着西班牙和瑞士,也是欧洲天主教的领导者。他认为,伊丽莎白愚蠢、柔弱,能够轻而易举地得手,只要娶了伊丽莎白,他就能将英格兰重新控制,正如当年迎娶她姐姐玛丽一样,这样一来,天主教的势力必将势不可当。

伊丽莎白是极具魅力的女子,不过她并不卖弄自己的美貌。她戏弄向她求婚的菲利普二世,就像猫玩弄老鼠一样。她从没有想过要嫁给菲利普二世,却一直让他等着自己的决定,这让他恼羞成怒,最终,大骂道:"伊丽莎白就是个女魔头!"但是,菲利普二世没有想到,在伊丽莎白看似愚蠢的外表下,藏着的却是一颗无比坚硬的心,她头脑清晰、沉着冷静,论智慧,菲利普二世是远远不及的。而且,他也没有想到,伊丽莎白终有一天会限制与西班牙的外交,并且成为欧洲霸主。她喜欢"新学术思潮"带来的思想文化;推崇菲利普·西德尼[①]爵士创建的社团,影响了很多当时英格兰杰出的人。此外,她喜欢和诗人斯宾塞[②]讨论诗歌,喜欢与思想家布鲁诺[③]讨论哲学问题;喜欢阅读古希腊悲剧和原版的拉丁文演讲;能够说流利的法语和意大利语,甚至还会说一种非常粗鲁的话,当大臣们惹她不高兴的时候,她就会说粗话,这也给她的威慑

[①] 菲利普·西德尼,伊丽莎白一世的大臣,亦是诗人、学者。著有《爱星者和星星》《诗辩》等。——译者注

[②] 斯宾塞,即埃德蒙·斯宾塞,文艺复兴时期英国诗人。著有长篇诗《仙后》,田园诗集《牧人月历》,组诗《情诗小唱十四行诗集》《婚前曲》等。——译者注

[③] 布鲁诺,即乔尔丹诺·布鲁诺,文艺复兴时期意大利思想家、哲学家和文学家。著有《诺亚方舟》《论无限宇宙和世界》。——译者注

力带来了意想不到的效果。

但是，不管伊丽莎白做什么，她都无时无刻不在了解自己统治的新英格兰。她感受到了人民的斗争精神正在日益强大，但是她不了解缘由。她也本能地意识到，应该对政府采取一些改革措施，因为这似乎是人民的心声。

伊丽莎白的统治之所以自由而民主，是因为这是人民群众的意愿，而她只是敏锐地发现了这一点。事实上，伊丽莎白的本意是专制统治。她之所以向下议院低头，为抵制下议院而表示抱歉，并不是因为她的同情，而是出于政治本能，自己要是疏远民众的话，将会是很危险的一件事，因为她的王国是需要依靠他们的。她发现了一些她的前任们都忘记的真理，那就是统治阶级必须和中产阶级成为朋友。她可以反对或侮辱贵族和大臣，或将伯爵和宠臣送入监牢，但是，她和她的"下议院"，和人民之间不能发生矛盾。斯宾塞的诗歌《仙后》[①]中，对仙后的阿谀奉承之词，其实是表现了底层人民对伊丽莎白女王的无限忠诚。

也许是因为她还记得，议会的法律条款能够决定教会的行动，而她自己也是经由议会选举，登上王位的，议会的权力越来越大，曾经由王室处理的一些事务，现在也由议会处理，比如得到王室特许，下议院发起的解决贸易垄断问题的行动。一开始，伊丽莎白不同意给予议会这个权力，然而，她发现这是大众情绪的力量后，她便做出了让步，并且还声称"之前从不知道有贸易垄断这样恶劣之事的存在。"

[①] 《仙后》，是英国诗人埃德蒙·斯宾塞于1590年出版的长篇诗，诗中讲述了骑士霍理士（圣洁）与公主优娜（真理）一同对抗恶龙（邪恶）的故事。——译者注

实际上，说谎在伊丽莎白独立的道德准则中是一种美德，而外交方面取得的一些杰出成就也离不开她个性中的美德。当赤裸裸的谎言被揭穿时，她没有感到一丝羞愧，相反，她因为头脑简单的那些臣子将她说的话当作真理而觉得可笑。

弗吉尼亚殖民地

伊丽莎白天性节俭，热爱和平，她自是不想参与欧洲新教徒和天主教徒的纷争之中。圣巴托洛缪大屠杀[①]并没有让她觉得惶恐不安，她仍然派遣军队去往法国，并给法国提供物资支持以帮助那里的胡格诺派教徒[②]。她还阻止菲利普二世在荷兰迫害新教徒，英格兰全身心地投入了一场她并不感兴趣的斗争中。此外，她不仅鼓励工业和商业贸易发展，还鼓励能够促进繁荣的其他行业发展。她也听从了冒险家罗利（Raleigh）在美洲开拓殖民地的计划，并允诺将那块新土地以她"童贞女王"的名号命名为"弗吉尼亚"。她特许成立了"商业公司"，为的是与印度开展新的贸易（1600年），并逐渐发展为英属印度。

[①] 圣巴托洛缪大屠杀，是法国天主教徒对新教徒进行的一系列暗杀和犯罪行动。——译者注
[②] 胡格诺派教徒，法国加尔文派新教的别称。——译者注

玛丽·斯图亚特降生

尽管伊丽莎白取得了无尽的成功,但坐在王位上的她仍然是一个可怜的、孤独的女人。在这世上,她唯一的亲人——表亲玛丽·斯图亚特,一直在密谋取代她,成为英格兰女王。

伊丽莎白继承王位的合法性一直遭受争议,这也就给了图谋不轨之人可乘之机,他们声称,伊丽莎白的母亲安妮·博林和亨利八世的婚姻是不合法的,因为教皇拒绝了亨利八世和王后凯瑟琳的离婚请求。玛丽·斯图亚特的王位继承权仅次于伊丽莎白,于是,一场阴谋就此展开,即使没有危及女王的性命和王位,但总归是影响了女王平静的生活。

苏格兰国王布鲁斯没有留下后裔,他死后,苏格兰就由斯图亚特家族统治。由于家族内部纷争不断,加之英格兰的不断入侵,玛丽·斯图亚特选择了与法国结盟,而法国也是在利用她来扰乱英格兰。因此,英法每次发生冲突时,苏格兰边界往往会成为危险地带。

1502年,亨利八世的姐姐玛格丽特(Margaret)嫁给了苏格兰国王詹姆斯四世[①],于是,英格兰和苏格兰成了盟友。然而不久,英法两国开战,苏格兰国王詹姆斯四世却选择了帮助旧日的盟友法国。后来,在弗洛登战役[②]中,詹姆斯四世惨败,并且被杀。他的继承者詹姆斯五世登上王位,后迎娶了玛丽·吉斯(MaryGuise)。吉斯家族是法国极端天主教派的首领。受妻子的

[①] 詹姆斯四世,苏格兰斯图亚特王朝第六任国王,詹姆斯三世之子。——译者注
[②] 弗洛登山战役,英格兰与苏格兰之间的重要战役。——译者注

蛊惑，詹姆斯五世一直对新教徒亨利八世有着敌意，尽管亨利八世是他的舅舅。詹姆斯五世的女儿玛丽·斯图亚特出生后不久，詹姆斯五世就在索尔威海湾战役中身亡（1542年）。

玛丽·斯图亚特之死

这个不幸的孩子立刻成了所有人争权夺利的对象。亨利八世希望自己的儿子（后来的爱德华六世）迎娶玛丽，以期英格兰和苏格兰能够重归于好。然而，吉斯家族不愿意屈服于新教。当时，苏格兰的摄政王——玛丽·吉斯坚决反对与信仰新教的英格兰交好，反倒十分希望能与法国亲近，因此，她将玛丽·斯图亚特许配给了法国王太子（弗朗西斯一世的孙子），并且把她送到了法国王宫，由王后凯瑟琳·德·美第奇[①]调教，为她将来成为王后做准备。

1561年，玛丽·斯图亚特回到了英格兰。她年轻的丈夫仅仅执政两年就死了。当时，十九岁的玛丽，不仅貌美如花，十分聪慧，而且大权在握，这足以让她迷倒众生。但她短暂的一生都在纸醉金迷中度过，调教她的凯瑟琳·德·美第奇是欧洲品行最差的女人，而她的两个吉斯家族的舅舅也不是什么好人，自出生以来，玛丽的身边就充满了阴谋诡计。但是，她是个非常虔诚的天主教徒，这自然就成了英格兰天主教的希望。

如果可以的话，伊丽莎白愿意用自己的一半才智，来换取玛丽

[①] 凯瑟琳·德·美第奇，法国国王亨利二世的妻子，弗朗索瓦二世、查理九世和亨利三世的母亲，她对法国政治产生了很大的影响。——译者注

的美貌。毋庸置疑，伊丽莎白是忌妒玛丽这个才貌双全的对手的。不过，玛丽一直觊觎伊丽莎白的王位，还策划谋杀伊丽莎白，伊丽莎白对此怀恨在心，这一点是肯定的。事实上，以伊丽莎白专横的性格，我们对她为什么迟迟不处死玛丽·斯图亚特很好奇。

玛丽是否计划谋害伊丽莎白，这一点我们并不清楚。但我们知道，她那可怜的第二任丈夫达恩利（Darnley）公爵（她的表兄亨利·斯图亚特）被谋杀以后，她就迅速嫁给了这场谋杀案的凶手——博斯维尔（Bothwell）。不久，她宣布自己与博斯维尔的婚姻无效，对此，苏格兰人民十分愤怒，于是她逃到了英格兰避难。没想到的是，这样一来，她恰好落入了伊丽莎白手中。

玛丽·斯图亚特曾经大胆地说："伊丽莎白之所以一直没有结婚，是因为她不想让男人们失去向她求爱的机会。"正是这样一句玩笑话，给了伊丽莎白除掉玛丽的理由。1587年，伊丽莎白签署了赐死玛丽的文件，将她送上了断头台。

西班牙无敌舰队

当我们了解了玛丽的魅力时，她的大胆，她的心机，她在外交和治国方面的能力，远远超过了伊丽莎白。毕竟，她身上流淌着吉斯家族的血液，她是由凯瑟琳·德·美第奇调教出来的。我们明白，要是这样一个女人篡夺了王位的话，对英格兰来说就意味着威胁。后来，她被囚禁了起来，但她时常在监牢中向上帝祷告。最后，她还是被送上了断头台。回首之前，她泰然自若地穿过福泽林盖城堡大厅（Hall of Fotheringay Castle），将自己美丽的头颅枕在石头上。想到这，我们心中遗憾玛丽的离去，几乎要为这一幕动容了。对待玛丽·斯图亚特这样一位可爱的囚徒，要想做到完全公正是很难的，除非我们有约翰·诺克斯①的冷酷无情。玛丽和亨利·斯图亚特的儿子就是苏格兰国王詹姆斯六世②，他对英格兰的王位不抱任何非分之想。但是，西班牙的菲利普二世认为，此时就是他征服英格兰的机会，于是派遣"无敌"舰队抵达英格兰海岸，舰队呈新月形，排成一英里③长。英格兰方面则由弗朗西斯·德雷克④带领小舰队（比游艇大不了多少）迎战。他们对这些笨重的西班牙大船有所忌惮，于是派遣火船潜入其中，将新月形的舰队烧毁。一些留下来的舰队四散于英格兰北部海岸，后被一场大风暴所吞噬。就这样，英军借助风浪取得了这场战争的胜利，而"无敌"舰队则几乎全军覆灭。

  英格兰伟大且光荣。宗教、社会和政治方面的改革，耕耘着这块被新知识滋润的土地，且收获了丰硕的果实。当整个欧洲都陷入宗教改革中时，信奉新教的英格兰却出现了繁荣发展的景象，生活各方面都有了极大的提高，托马斯·莫尔爵士"乌托邦式"的社会，几乎就要成为现实。新兴的文化弥漫着大地，英格兰戴上了诗歌的花环，点亮了这个国家，这样的景象简直举世无双。弗朗西

---

① 约翰·诺克斯，宗教改革领袖，曾创办了苏格兰长老会。他曾被法国人俘虏，沦为划船的奴隶，之后回到英格兰担任新教牧师。——译者注
② 詹姆斯一世，苏格兰斯图亚特王朝国王及英格兰斯图亚特王朝首位国王。——译者注
③ 1英里 ≈ 1.61千米。——译者注
④ 弗朗西斯·德雷克，英国将领和航海家，首位环球航行的英国人。——译者注

斯·培根[①]这个名字足以证明这个时代,莎士比亚的名字足以点亮那整个世纪。伊丽莎白女王没有创造"伊丽莎白时代"的辉煌,但她创造了一个和平盛世,英帝国就此孕育而成。

  如果说伊丽莎白女王真正爱过一个人的话,这个人便是莱斯特郡公爵,他因为妄想能够娶到女王,竟残忍地杀害了自己的妻子艾米·罗布萨特。我们实在不愿意相信,伊丽莎白也参与了谋杀,但我们也别忘了,她是亨利八世的女儿!有时候我们会想,这次的谋杀跟杀死玛丽的记忆是否会萦绕在她的心头,让她充实而欢乐的晚年多了悔恨呢?这时的她没有男人在耳边倾诉爱慕之情,也不再对镜梳妆,只是静静地等待着生命的结束。

  1603年,伊丽莎白女王去世。可能是为了弥补她1587年签署处死玛丽的文件,她将王位传给了玛丽的儿子——苏格兰国王詹姆斯六世,也就是后来的英格兰国王詹姆斯一世。

[①] 弗朗西斯·培根,文艺复兴时期英国散文家、哲学家,实验科学的创始人。著有《新工具》《论科学的增进》《学术的伟大复兴》等。——译者注

第八章

詹姆斯一世

这个最不可能当上国王的詹姆斯，却实现了斯图亚特家族多年来对英格兰王位的渴望。詹姆斯一世长相平平，行为粗鲁，身上没有一丝他母亲那样的王室气质。他不仅见识浅短，被迫学了许多乱七八糟的知识，而且自负无能，在没有完全理解新知识的情况下，却用它来处理政事，使得伊丽莎白制定的政策几乎被推翻。伊丽莎白执政期间，懂得拉近自己和人民的关系，让贵族不再凌驾于人民之上，且主动放权。面对下议院，她也愿意放下身段。而詹姆斯一世这个愚蠢的暴君，傲慢地否定了这一切，他不断地自我膨胀，认为自己是至高无上的，听不得一句批评，并且，他还宣扬"国王所做之事都是对的""质疑国王就相当于质疑上帝"。他虽然热切地支持教会的工作，但那也是因为他自认为自己是教会的领袖。无论是支持教皇掌权的天主教徒，还是支持强烈反对教皇掌权的新教徒，对他来说，都同样可恶，因为他们都在想方设法地挑战他的权威。

第一个英属殖民地

  清教徒们给了詹姆斯一世一份八百位教士联名签署的请愿书，请求他不要再逼迫他们穿白袍，也不要让他们在施洗礼的时候画十字，可詹姆斯一世竟说他们是"毒如蛇蝎"，并且他还说，如果他们不能在这些事情上听从主教的安排的话，就会被赶出英格兰。由于这样的威胁，一大批清教徒拖家带口地逃到了荷兰。随后，一群勇敢的清教徒乘坐"五月花号"抵达了北美海岸的一隅，他们将那里称为"普利茅斯"①（1620年）。1607年，一些英国人在弗吉尼亚州的詹姆斯敦②定居。这两个地方后来成了"美利坚合众国"的领地。

火药阴谋③

  天主教与新教之间的斗争，在国内掀起了一场革命，一群亡命的天主教徒策划了一个阴谋，他们趁詹姆斯一世在上议院召开会议时，试图把议院炸了。他们认为这个计划一石二鸟，既能除掉暴君，还能除掉日渐新教化的议院。然而，这个阴谋最终流产了。

---

① 普利茅斯，位于美国东海岸马萨诸塞州，曾是继弗吉尼亚州詹姆斯敦后，第二个成为英国殖民地。——译者注
② 詹姆斯敦，英国在北美的第一个殖民地。——译者注
③ 火药阴谋，是英格兰天主教徒试图炸掉英国议院而计划的一场并未成功的阴谋。——译者注

伊丽莎白一世的外交政策中，最重要的就是对抗信奉天主教的西班牙，并且维护欧洲的新教。詹姆斯一世则认为西班牙这个专制而强大的国家，对于自己来说，却是最合适不过的合作伙伴。于是，他安排自己的儿子查理迎娶西班牙公主，并做出了承诺，让英格兰改信天主教。这激怒了下议院，他们强烈反对这场联姻，国王谴责他们多管闲事，甚至将他们遣散，直到国王需要钱款时，再召集议会。

在詹姆斯一世执政早期，人们对他种种愚蠢自负的行径，早就已经习惯。当他故作姿态卖弄学问的时候，就连溜须拍马的人也忍不住皱起眉头，但还要装作迎合以示自己的忠心，并附和那套"君权神授"的理论是绝对真理。不得不说，就连他的枢密院顾问弗朗西斯·培根，也不过是詹姆斯一世忠实的仆人，尽管他是当时最有学问的人物，尽管他反抗过詹姆斯一世剥夺人民的自由。

然而，这场与西班牙的联姻，但凡任何一个比詹姆斯一世聪明的人，都明白是一场危险的游戏。詹姆斯一世站在两个断头台之间徘徊，一个是1587年他母亲玛丽被处决的断头台，另一个则是1649年他儿子被处决的断头台。他每压迫人民自由一分，自己的王位便会受到一分威胁。他在不经议会同意下，便征收税款，违反土地法之后，就已经埋下了祸根，最终由他的儿子查理一世[①]来承担。英格兰人民十分愤怒，下议院里的新教徒们也不再奉承国王，开始表明自己的立场。培根遭到了废黜，表面上是他犯了受贿之罪，但其实他就是个国王的傀儡、工具。

[①] 查理一世，又译查尔斯一世。苏格兰斯图亚特王朝第十位国王，亦是英国历史上唯一被公开处死的国王。——译者注

《圣经》的翻译

当我们回首詹姆斯一世荒谬的执政生涯时，不难发现，他其实不会治理王国，反而是一个好奇心很重的冒险家。他不仅封自己的宠臣为白金汉公爵，还试图将英格兰的命运与欧洲天主教联系起来，然而，却没有成功。此外，他还处死了自己的将领沃尔特·雷利[①]爵士，就因为他和自己想交好的西班牙结下了梁子。他有过无数愚蠢的行径，不过有三件事值得称赞：第一，詹姆斯一世准许了《圣经》的翻译工作，并使其翻译版本沿用至今；第二，他将统治的英格兰、苏格兰合并为"大不列颠"；这两件事，再加上1625年他的去世。故这三件事便是他这辈子所做出的最大贡献了。

查理一世

詹姆斯一世的儿子查理一世，至少有一点不像他的父亲——他是一个绅士。若不是他倒霉，继承了王位，凭他渊博的学识、高尚的品位，以及无可非议的品德和人品，他会成为一个受人尊敬、名声远扬的人物。然而，这些美好的品质只属于绅士查理·斯图亚特，国王查理身上有的只是专横、虚伪、顽固，他对国家形势一无所知，也从不关心他的子民，他执政期间所做的每一件事，都加速了他的毁灭。

[①] 沃尔特·雷利，文艺复兴时期英国学者、将领。——译者注

在欧洲，没有哪个家族的权势比法国的吉斯家族更大了。他们在掌权后，极其残暴，冷血无情。玛丽·斯图亚特就是因为遗传了母亲吉斯家族的基因，才最终走向了毁灭，而她的儿子詹姆斯一世，詹姆斯一世的儿子查理一世，身上也都流淌着吉斯家族的血液，自然也不例外。他们的血液中就存在着专制和暴戾的基因，他们的天性决定了他们不可能理解盎格鲁–撒克逊人自由公民的理念。

如果没有外族的征服，如果英格兰的统治者始终是英国国王的话，谁能说出历史会如何发展呢？每一次的联姻，都会有新鲜且并不是那么纯净的血脉加入进来，经过几世纪的稀释后，王室的血脉中盎格鲁–撒克逊人的特质已经没有多少了。

查理一世与西班牙公主的婚约被废弃后，他又娶了法国国王路易十三①的妹妹亨利埃塔·玛丽亚。

劳德大主教

当时，宗教问题仍旧十分迫切。很快，新国王的同情心就变得明显起来，天平也逐渐倾向了天主教一端。英格兰的国教会在新的大主教劳德的带领下，渐渐远离了新教，也向天主教靠近，而且为了确保王室对教会的保护，劳德竟重申了詹姆斯"君权神授"的理论，强调国王具有绝对的权威性。就这样，他把宗教变成了限制人

---

① 路易十三，法国波旁王朝第二任国王。——译者注

民自由的一个工具。劳德的理想就是想让天主教绝对的纯正——保留秘密忏悔、为死者祈祷，圣餐礼时上帝是同在的，保留跪拜礼和十字架，而这些都是清教徒和长老派成员所反对的。劳德虽颇具胆识，却思维狭隘，他就这样鲁莽地将自己推上了反对清教徒的风口浪尖。他宣布将安息日定为假日而不是圣日的讲坛，国王也在那里告诉人们，反对国王的旨意会遭到"永恒的诅咒"。

这样一来，清教徒们就像自由的捍卫者，他们将保守派教领袖，如皮姆拉进了他们的阵营中。不过，他们并不是都沉浸在肤浅的快乐中，也没有认为所谓的生活娱乐就是有罪的。就这样，他们划分为两个阵营，英格兰国教会选择了残暴统治，而清教徒则选择了自由。

然而，对于国王来说，此时的另一件事比宗教更加有吸引力，他想——他必须得到——钱。宗教和金钱，是决定国家命运最重要的两个因素，而现在，国家已经具备了这两个因素，历史注定是要被改变的。

由于王国的一种麻烦风俗，查理一世想要钱时，必须先召开议会，且需要得到议会的同意。他的父亲詹姆斯就凭借着"君权神授"的理论，为摆脱议会的束缚开辟了道路。不过，没有显著的成效。于是，查理一世召开了议会，议会同意筹集资金，但条件是，国王必须承诺政治和宗教改革的进行，并且将那讨厌的白金汉公爵罢免。

查理一世对议会的要求非常不满，于是解散了议会，转而向人民借款。英格兰人民纷纷表示，他们愿意借钱给国王，但必须经过议会的同意。国王彻底被激怒了。既然人们敬酒不吃吃罚酒，那只能用手段了。查理一世开始征收税款，任何反抗或拒绝缴纳税款的人，都被处以了惩罚。

约翰·汉普登

约翰·汉普登就是最早遭受迫害的人之一。他非常有钱,对他来说,一点税款算不了什么。但是,他个性十分强硬,即使身陷囹圄,面对严刑拷打,他仍坚持道:"我死也不会给你们一分钱。"

《民权宣言》

人民缴纳的税款没能满足国王的需求。由于负债累累、饱受屈辱、心怀愤怒,国王不得不再次采取令人讨厌的手段。他召开了议会。可议员们因为之前国王的无理取闹而怀恨在心,他们的立场更加坚定,而且起草了一份《民权宣言》,再次重申和强调了人民神圣不可侵犯的人身权、财产权和言论自由权——这简直就是第二份《自由大宪章》。

他们坚定而冷静地看着国王,一手拿着《民权宣言》,一手拿着国王心心念念的税款。一开始,查理一世拒绝了他们的要求,不过,法官们悄悄地告诉他,《民权宣言》并不会限制他的权力,白金汉公爵也劝说他接受下议院的请求。或许,作为一个绅士,查理一世不会为了钱财出尔反尔;然而此时的他身为国王,虽不愿意接受他们的要求,但还是签署了文件,王国的十二位大法官中的七位试图宣布《民权宣言》无效,因为国王的权力凌驾于议会之上了。但国王认为,自己的王位是天赋的,议会若是反对国王,则统统是无效的。

这样一个虚伪的国王，如此践踏正义，除了革命，人们还有什么选择呢？

马萨诸塞州特权

在劳德的统治下，教会变得专制无度。1629年，查理一世签署了有关马萨诸塞殖民地的宪章，这让人们看到了曙光，于是他们将目光转向了美国。不只是破产的人、冒险家、犯人，更有大地主、专业人士，甚至是英格兰最有钱的人，都选择背井离乡，踏上了前路艰辛的旅途。有人这样写道："不再喝母亲英格兰鲜美的乳汁，我们不介意经历的艰辛。"劳德在人民身上施加的压力越来越多，不断向西逃亡的人数与日俱增，十年间，两万英国人横跨大西洋，在北美大陆找到了宗教自由。他们在殖民地建立了一种新的专制神权的政治制度，但不同的是，这种制度是十分公正、纯良的。

放荡不羁、一无是处的白金汉公爵被暗杀了，查理一世在他的尸体旁痛哭流涕。但是过了没有多久，一个比白金汉公爵更合适、更能满足国王需求的人取代了他。与此同时，查理一世决定不再召开议会，而是自己统治国家，自己做决策。

和真正强悍的国王不一样，查理一世解散议会，并不是出于什么邪恶的目的，他只不过是想要装满金库的钱财。如果议会不肯给他筹集资金，或者以改革来作为交换条件，令他蒙羞的话，他就不得不想一个新的办法，自己筹资。在他之前，他的父亲早已开创先河，现在，他也效法了父亲，解散了议会。没有了议会这个绊脚石的束缚，查理一世便可以畅通无阻的筹资。

可惜，治理国家需要才能，查理一世既不够出色，也没有什么心机，且不富裕，他只是想要钱罢了，对于王权，他有一种盲目的自信，任何反抗、质疑他的言论，在他看来，都是在挑战他的权威。可他的治国才能实在是有限，这也就证明，他无法理解在自己的人民中所产生的新思想，他的失败是不可避免的。伊丽莎白大概觉察到了人民的思想变化，虽然她也不理解它，但她能够及时地缓和自己与人民的关系，可以为了人民的利益，牺牲自己的所好，这样一来，也就使得人们对她忠心耿耿，因为她的政策即是人民的政策。而查理一世，就像个"聪明"的工程师，他所做的就是把安全阀拧下来，引发更大的危机。

斯特拉福德伯爵

托马斯·温特沃斯爵士，即斯特拉福德伯爵，则取代了白金汉公爵。他背叛了自由党，没能当上下议院领袖的他，于是便投向了国王。而国王对他也十分依赖，二者就像缠绕在树上的藤蔓一样，密不可分。

斯特拉福德伯爵的目标和理想，就是想像法国的政治家黎塞留[①]在法国建立一个专制政权那样，在英国同样建立这样的政权。

[①] 黎塞留，法国高级教士和政治家，路易十三的大主教。——译者注

他虽性格专横，但意志力坚强，且具有极高的管理才能，所以，他很适合干这项事业。查理一世正在想方设法增加财政收入，托马斯则正在进行全面的压迫计划，他认为应该强征税款，用以建设堡垒要塞和武装军队，与此同时，制定一些统治国家的必要文件。他心知肚明，构建专制的王权，靠的绝不是讲道理。他并不是教条主义，只是清楚地觉得，这就是一个事实。

星法院

　　星法院，是某类审判罪犯的法庭，若有人对政府表现出不满，则会被送至那里进行审判，里面的酷刑简直无所不用其极，叫人生不如死。有位牧师被控辱骂劳德大主教，被罚需要向国王上交五千英镑，向大主教上交三百英镑。而且，他还被判处割去一侧的鼻翼，砍掉一只耳朵，并在一侧的脸颊上打上烙印。下一周，他的另一侧鼻翼、一只耳朵和脸颊也会遭到同样的厄运，最终沦为阶下囚。还有一个人因为写了本被认为具有煽动性的书，也被判处了同样的处罚，并且被判了终身监禁。

　　这些只是所谓"专制政权"的冰山一角，是由劳德和斯特拉福德伯爵这两个盟友实施的，他们在给彼此的信中常常抱怨"星法院"的威力还不够大，法官太年轻了，判处的惩罚也太轻。在这样的情况下，囚犯不断涌入马萨诸塞州的种植园，难道还会让人觉得奇怪吗？

　　然而，在斯特拉福德伯爵的强势管理下，更加严肃的工作正在进行。垄断市场的再次出现，让顾客在买卖东西的时候，除要支付商品本身的价格外，还得支付盈利税。人们所需的各种生活用品都被特定的商家垄断，而这些商家面对巨额的税款，又不得不提高售价。

"造舰税"是用于海军建设而强征的税款，然而，国家也没有给人民一个合理的解释。征收多少税款、何时征收税款，都由国王说了算，并且总是令人猝不及防。在各种剥削人民的方式中，征收税款是令人最厌恶的一种方式。然而，假如有人敢反抗，都无一例外地要去星法院接受处罚，法官们为了取悦劳德大主教和斯特拉福德伯爵，简直是无所不用其极。

汉普登不改初心，坚持拥护人民的权利，所以身陷囹圄，有被处死的可能，而不是交二十先令的罚款。可他宁愿死，也不肯交一分钱。不过，人们在国王的逼迫下还是上交了税款。国家的财政收入相当可观，国王甚至不再需要召集议会为自己筹款。既然不需要议会筹款，那自然就不必再召开议会。这对于保皇党来说，是一件高兴的事，而人们也沉住气在等一个时机，因为他们知道，这样的金融体系不可能长存，时候到了，人们自然会有所行动。

第九章

长期议会，以及斯特拉福德伯爵与劳德大主教之死

风暴来了，英格兰对苏格兰的战争开始了，它发起战争是为了放弃原有的教会，改长老会教派为国教。忠诚的教徒听说苏格兰与旧时的盟友法国秘密通信，有叛国之嫌。于是，时隔十一年，查理一世再次召开了议会，议会注定比国王存在得长久。

下议院的人团结一致，其成员皮姆站在上议院门前，指控斯特拉福德伯爵叛国。可无论伯爵如何辩解，如何编织巧妙的谎言，都无济于事。查理一世也替他求情，并向下议院做出了承诺，但下议院认为这些承诺根本不可能实现，这一切都是徒劳。

查理一世眼见自己的专制王朝就要分崩离析，他十分惊慌，不得不签署了议会将斯特拉福德伯爵送上断头台的判决书。据说，当斯特拉福德伯爵被押上断头台的时候，他向曾经的战友、现在的狱友劳德，道了永别，劳德见到他，竟当场晕了过去。

行刑之际，周围一片寂静，过了一会儿，人群沸腾了，一个声音喊道："杀了！杀了他！"

很快，大主教劳德也被处以死刑。星法院和最高教会法院也退出了历史的舞台。新的法令规定，议会必须每三年召开一次，并且

没有议会的同意，国王无权解散议会。

渐渐地，国王和议会的地位发生了变化。议会的召开不再需要国王的同意，但是，国王的人选就需要议会来决定。

像查理一世这样的国王，怎么可能会有一些条件或是承诺能够约束他呢？当初，为了救斯特拉福德伯爵，他不得不假装做出各种虚假的承诺，但是他心里想着的是，有一天一定要以武力对抗议会。汉普登、皮姆和另外三位领导人被逮捕，这是查理一世早就策划好的，他想借此引发内战。最终，国王和议会陷入了僵持的状态，议会表示，如果国王诉诸武力，那议会也将采取武装斗争，绝不坐以待毙。

如果说，汉普登在追求自由的道路上，是角斗士般的领军人物，那么，信念坚定，领导人们自由战争的皮姆也是毫不逊色的。他知道，如果国王或议会有一个要下台，那么，对英格兰来说，比起削减议会的权力，限制国王的权力似乎更加有益。他也知道，议会中起关键作用的是下议院，如果国王不同意下议院的决策，那便是被视为退位；而没有了国王，议会不会受影响，一样拥有决策权力。若上议院成员阻挠改革，那他们应该明白，下议院会坚持自己的决定，而不是眼睁睁地看着这个国家消亡。

这便是议会未来许多决策和行动所依据的理论。这一理论是革命性的理论，从那以后，就一直被认为是英国宪法的理论。

奥利弗·克伦威尔

如果查理一世让载着汉普登和克伦威尔的那艘船驶向康涅狄格

河谷（Valley of the Connecticut）就好了。可是，他选择召回了汉普登和克伦威尔，后来，克伦威尔成了他的恶魔。但克伦威尔既不像皮姆那样了解宪法，并知道哪些行为是符合宪法的，也不似汉普登那样，是一个受人尊敬的领导者。然而，他比这两位有着更显著的优势。他的形象逐渐变得高大，从最早建立一支虔诚、唱着圣诗的军队时，他就超越了其他人。在1645年纳斯比战役[①]中，他率军大败查理一世，随后处死了查理一世。

正是从这个时候开始，克伦威尔显示出了自己除军事才能外的政治才能。汉普登已经战死沙场，皮姆也死了，克伦威尔成了这场革命的真正领袖。或许，克伦威尔能让英格兰摆脱眼前这场巨大的危机。他从不过分思虑革命的手段，也不会对教会或人民进行残忍的迫害，除了上帝和福音，他无所畏惧。

当议会对查理一世进行最终审判之际，却犹豫退缩了。克伦威尔在议会门口部署了军队，将一百四十名心存疑虑的议员赶了出去。上议院早已不复存在，而下议院又少了一百四十个人，整个议会就只剩下一小部分人，但他们都坚定地拥戴克伦威尔。他们人数虽少，既不能被称为一个代表机构，甚至也不足以强悍到去审判国王，但这却是他们最后一丝绝望的自我保护。

[①] 纳斯比战役，1645 年，发生于以查理一世为首的封建王党军队和以克伦威尔为首的"新模范军"之间的一场战役。——译者注

查理一世之死

　　查理一世像勇士和绅士一样死去了,他的勇敢和淡定,让人心生同情。在审判的过程中,他始终保持着自己高贵的尊严。七天后,在皇家白厅的大门前,查理一世的人头落了地。

　　下议院里剩下的那一小部分人,宣布英格兰成为共和国,无须国王或上议院的统治和管理。克伦威尔则成为英格兰、苏格兰和爱尔兰的护国公,他不想被人称为国王,然而,没有一个国王比他更有绝对的权威了。他不过是用所谓正义的暴政,代替了查理一世邪恶的暴政。

　　克伦威尔不会胁迫人们,不会朝他们要东西,也不会让他们将自己本就微薄的收入上交国王。这里有安全,有繁荣。可是,人们还是有怨恨、愤怒,因为克伦威尔的军队不仅大肆地破坏了神坛和圣像,还侮辱了人们的宗教信仰。空荡荡的神龛,残破的浮雕,以及被打碎散落了一地的玻璃,都来自"装饰华美的、有着暗淡的宗教光芒"的窗户,这些都可以看出,那些士兵当时亵渎神灵的劣迹。

长期议会解散

　　当下议院里仅存的那一小部分人开始不对克伦威尔言听计从时,克伦威尔带着一支步兵闯进了国会大厦,他叫着议员的名字,命令他们"滚出来"。然后,克伦威尔锁上了国会大厦的大门,将钥匙放入了自己的口袋。曾经强大到可以推翻政府,甚至可以将国王送上断头台的议会,就这样被解散了。现在的英格兰政府,确切地来说,是克伦威尔的私人政府。

除了士兵,没有人喜欢克伦威尔。他实施各种专制而武断的政策,没有人支持他、拥戴他;他的政权没有残暴的机构来支撑,星法院也不会执行他的命令。有人若违抗他的命令,既不会被戴上颈手枷,也不会被打上或施以火烙之刑。可是,正因为这表象才令人大跌眼镜:整个国家民怨沸腾,但是人们却敢怒不敢言,选择了沉默和顺从。

在外交方面,克伦威尔既没有什么实际经验,也没有睿智的大臣给他建议和忠告,然而,克伦威尔通过自己的外交政策,着实震慑了欧洲,西班牙、法国和荷兰联合省共和国纷纷向他示好,各地的英格兰清教徒得到了很好的保护。

查理二世

毫无疑问,克伦威尔是一个具有强大号召力的天才。不过,他究竟是正义的化身,还是恶魔的化身,实在是颇具争议。1658年,随着克伦威尔的去世,这个争议的答案我们不会知道了,可如果他没有去世,他或许会从一个正义的暴政者变成一个非正义的暴政者。

克伦威尔一手建立的政权,随着他的离去而分崩离析,因为他没有留下一个子嗣来继承他的事业。早就想抢回自己王位的查理二世,现在终于可以光明正大地坐上王位,人们对此很高兴。

第十章

《人身保护法》

　　善恶到头终有报。二十一年来,由于清教教义的压迫,人们已经丧失了对美好和幸福的追求,现在,人们终于等来了查理二世这位优雅亲民的国王,他们热切地期待着他能驱散笼罩着英格兰大地的所有阴霾。这一点,查理二世确实做到了,甚至有点过头了。他所做的一切如同弹簧一样开始反弹,王庭奢侈无度,整个英格兰陷入了疯狂挥霍的时代,查理二世的统治仿佛就是一场嘉年华。他需要更多的钱来寻欢作乐,便向法国路易十四借贷,为了借到二十万英镑,他不惜参与战争,帮助法国攻打信奉新教的荷兰。

　　我们很好奇,在明知道英格兰人民把自己的父亲送上断头台后,查理二世哪来的勇气去挑衅人民。不过,自从经历护国公克伦威尔的统治之后,英格兰人民开始变得沉稳而有耐心。人们把查理二世看作一个被宠坏的小孩,甚至因为他的愚蠢行径而发笑,但他们不忍心惩罚查理。

　　曾凌驾于骑士党(保王党)之上的圆颅党人(议会党),现在也遭到了践踏。然而,即使是在这种情况下,人民的自由还是得到了极大的提升。《人身保护法》(Act of Habeas Corpus)永远阻止了非法拘禁的存在，但由于当时有囚犯囚禁，所以并没有在法庭上公示。

查理二世之死

斯图亚特家族（即吉斯家族）的后代，心里一直是信仰天主教的。不过，查理二世轻易地就隐藏了自己的宗教信仰。一股天主教浪潮让人们警觉了起来，他们想方设法地不想让詹姆斯——查理二世的弟弟，继承王位，因为詹姆斯对天主教有着极端的狂热。然而，1685年，所有的狂欢都戛然而止了。喜爱娱乐的查理二世，号称"从没说过一句蠢话，从没做过一件正事"的国王，在白厅去世了，詹姆斯二世即位成了英格兰国王。

牛顿、弥尔顿、班扬

尽管查理二世统治的时代在其他方面不怎么光彩，但有三个人的名字却点亮了这个时代。1666年，牛顿发现了万有引力定律，创造了全新的宇宙理论；1667年，弥尔顿发表了《失乐园》；1672年，班扬将他的寓言故事《天路历程》献给了世界。国王和保王党并没有在书中有所指代，但弥尔顿和班扬还是宣扬了新教的神圣。弥尔顿创作的神圣诗篇《失乐园》，无论是写作方法还是写作理念，在文学史上都独树一帜。而《天路历程》则用平易近人的叙事手法，将人们普通的生活展现了出来。这两部作品的主题都是新教徒犯罪之后所进行的自我救赎，当时新教徒也正因犯罪与救赎的问题而苦苦挣扎。

詹姆斯二世

詹姆斯二世的政权是王权复辟的最后一次尝试。他想废除《人身保护法》、解散议会；想威慑和镇压教士，并暗地里谋划着重新将天主教立为国教。邪恶的大法官杰弗里斯，是他最得力的助手。杰弗里斯曾吹嘘道，自大征服以来，自己帮詹姆斯二世除掉的叛徒比从前的任何一个国王都要多。

也就是这一时期，形成了辉格党和托利党两个党派。辉格党反对天主教成为国教，而托利党则是国王的拥护者。然而，詹姆斯二世制定的天主教政策实在是罪大恶极，所以几乎没有什么人拥护他。詹姆斯二世继位三年，辉格党和托利党纷纷意识到国内形势的严峻性，于是秘密地邀请詹姆斯二世的女婿——奥兰治王子威廉来接受王位。

威廉很快做出了回应，他带着一万四千名士兵登陆英格兰。詹姆斯二世无力反击，只能丢下王位，匆匆逃到法国。

威廉和玛丽

王位空悬,威廉和妻子玛丽受邀共同统治英格兰、爱尔兰和苏格兰联合王国(1689年)。

斯图亚特家族的国王好像一无是处,但常常却与欧洲天主教会私下勾结。当时,欧洲天主教会的领袖是路易十四,他自然而然就成了詹姆斯二世的保护者,他一直都想让英格兰加入欧洲天主教会的阵营中,当然,如果有可能的话,他还想让英格兰成为法国的附属国。就这样,詹姆斯二世客居在了法国,花费了半辈子的时间来与路易十四[①]密谋夺回王位。

博因河战役

不过,现在的局势是,欧洲新教的领袖已经坐上了王位。事实上,威廉之所以接受王位,还有另一个原因,那就是打击路易十四在欧洲日渐膨胀的势力。威廉有着很全面的政治才能,且个性高尚正直,还是一个杰出的军事家,在他的统治下,英格兰非常安全。一个又一个的阴谋被镇压了,一支又一支以詹姆斯二世为首的法国军队被击退了。曾经,人们想要詹姆斯二世来继承以天主教为主的爱尔兰独立王国的王位,然而,这位"爱尔兰国王"在博因河战役

[①] 路易十四,法国国王,在位期间使得法国成全欧洲最强的国家,并且建立了绝对的君主专制,在位时间长达七十余年。——译者注

中大败，于是，只好灰溜溜地逃回了法国。

与此同时，还有一件更重要的事在英格兰大地上悄然发生。风暴过后，一个聪明的君主会借阳光来修补风暴留下的痕迹，而议会在战争中给人们留下的创伤，也会得到修复。《民权宣言》和《自由大宪章》对权力的定义也变得宽泛了，《权利法案》①的通过，则用法律的形式明确规定了国王的责任和义务，其内容彰显了英国人民崇尚自由的精神。

如果说宗教和金钱是影响一个国家最重要的两个因素，这两者非要分个上下的话，那不得不说，金钱才是一个国家赖以生存的关键。一个政府不可能在没有资金运转的情况下存活，就像一个人不可能在没有空气的地方存活一样。因此，《权利法案》给了下议院批准财务的特权，当然也包括有权决定这些资金的用途。这样一来，权力就交到了人民手上，而下议院执行的也是人民的意志。

国王和议会之间的斗争终于结束了，皮姆的理论最终成了现实。自此，国王和上议院再也无权随意动用国库中的钱财，甚至不能向法国借钱。因此，国王和人民之间没有了地位差别，他们必须成为朋友。如果政府破坏了与下议院的友谊，那它将寸步难行；如果无法与下议院达成和解，那就会拿不到一分钱的财政支持。换句话说，英格兰政府已经成了人民的政府。

威廉认为，颁布这些法令是因为以前的国王失去了人民的信任。威廉心里清楚自己的梦想是什么，也清楚自己的目标就是要为英国做出奉献。尽管如此，议会颁布的这些法令，对他来说也是一种束缚，这让他很受伤。毕竟像查理一世和他的儿子们这样的暴君

---

① 《权利法案》，英国资产阶级革命中的重要法律性文件。——译者注

也没有受到这种束缚。我们也会好奇,像威廉这样一个高贵而睿智的人竟然没明白,这些法令的制定奠定了英格兰的未来。或许,威廉作为一个国王,还不够宽宏大量,或许未来,会有一个慷慨的国王坐上王位。

威廉平日里沉默寡言、严肃死板,他身上没有一样特质能够唤起人们内心的热情。然而,这并不妨碍他成为那种只可远远崇拜的伟大领袖。此外,统治英格兰这个本不属于他的领地不是一件容易的事,不管能够带来多少好处,改革多么明智,总有人会否定。还有一部分人在计划着王朝复辟,而野心勃勃的贵族们小心翼翼地维护着自己的利益,也在等着一个成熟的时机。他身边充斥着阴谋和怀疑,即使有忠诚,也是心不甘情不愿的。不过,这只是表面现象。事实上,盎格鲁-撒克逊人十分认可这位来自异域的国王,他们从他身上看到了盎格鲁-撒克逊人的共性,正直、荣耀、公平和个人自由。自阿尔弗雷德大帝之后,很少有国王像威廉一样拥有这些品质。

为了对抗詹姆斯二世和他的盟友路易十四,英格兰付出了昂贵的代价,国债也是从这时开始的。威廉执政期间,还建立了英格兰银行。

1702年,威廉去世,而他的妻子玛丽几年前也已去世,于是,王位的继承者成了玛丽的妹妹安妮[①],她也是斯图亚特王朝最后一位国王。

---

① 安妮,即安妮女王,英格兰斯图亚特王朝最后一位国王。——译者注

第十一章

安妮女王

　　威廉的政策并不局限于英国，还延伸至信奉新教的欧洲。一位似乎无法战胜的国王——路易十四登上了法国王位，并且已将邻国统统变成自己的附属。他一反过去的承诺，将他的孙子推上了西班牙王位，并且声称，西班牙和法国的国界——比利牛斯山，已经没有存在的必要了，这甚至引起了奥地利天主教的革命，而且比起新教，奥地利更害怕的是路易十四。新的阵营已经形成，但英国还是孤军奋战，不与他国结盟。然而，路易十四理所当然地认为英国在他的掌控之中，因此，他不承认安妮是英国王位的合法继承人，并有意将詹姆斯二世的儿子"王位觊觎者"推上王位。于是英国不再犹豫，大魔王已然踏平了比利牛斯山，现在还妄想抽干英吉利海峡的海水！此时，辉格党站出来支持英国与法国开战，而托利党则持相反意见。现在，虽已时过境迁，然而，哪怕像安妮以及托利党这样的愚蠢之人也明白，若想守住这个国家，就应该继续贯彻威廉的政策。

马尔博罗公爵

对英国和欧洲来说幸运的是，此时出现的马尔博罗公爵——约翰·丘吉尔[①]，成了英军总司令。几年前，他还是一个无名小辈，没有受过训练，也没有接受过教育，仅仅凭借过人的天赋，在威廉死后，成了大联盟的领袖。

他没有威廉身上的优秀品质，也没有领导者应该具备的特质，他没有高尚的道德情操，也没有坚定的原则。辉格党和托利党在他眼里都是一样的，谁能获得更多的利益，他就选择谁。虽然他的目的性很强，不过，他性格温和，身上有一种轻松随和的温柔气质，这几乎俘获了欧洲人民的心，他们都称他为"帅气的英国男人"。他管理军队快速有效，处理政治活动睿智聪慧，外交手段也十分圆滑，并且对于欧洲战场的战局以及战争计划都起着至关重要的作用，简直比动用武力还厉害。

布伦海姆战役

布伦海姆战役扭转了法国捷报频频的局面，也打破了路易十四无可匹敌的传奇。对法国来说，这场战役的失败不仅损失了人力和要塞，更是让在法国的詹姆斯二世失去了民心，让那曾以为自己战无不胜的路易十四失去了信心。但要路易十四低头承认安妮是英国

[①] 约翰·丘吉尔，英国军事家、政治家。——译者注

女王,对他来说着实是一个打击。

作为奖励,马尔博罗公爵得到了大片土地,并在上面建造了宫殿。现在英国重获安宁,自然就不再需要他了。安妮曾与马尔博罗公爵的妻子是好朋友,此时却与她发生了争吵,于是,她不再重用马尔博罗公爵,将其如同一把生锈了的宝剑般搁置一旁。然而,多年过去了,欧洲还是能听到"马尔博罗公爵出征"的歌,而他的鼎鼎大名,还被用来吓唬英国和法国不听话的小孩子。

马尔博罗公爵十分疼爱妻子萨拉·丘吉尔,他与妻子的爱情,仿佛一根金色的丝线,贯穿了他传奇的一生。每个战争前夜,抑或首战报捷之时,马尔博罗公爵总是会写信给妻子。他宁愿单枪匹马面对两万敌军,也不愿让妻子有一丝的不开心。的确,萨拉凭借自己的口才,就获得了安妮女王的青睐,在她们的友谊破灭之前,萨拉才是王国真正的掌权者,然而,萨拉并没有越过界线,侵犯安妮的权力。

据说,在安妮的统治时代,只有一个人比她更愚蠢,那就是她的丈夫,丹麦王子乔治。两人所生的十七个孩子中,没有一个存活下来,这对于英国来说倒算是幸事一桩。由于王位没有直系继承人,詹姆斯一世的远亲、汉诺威家族成员乔治就成了第一顺位继承人。

安妮女王执政期间,英国文学发生了天翻地覆的变化。曾经的文学作品往往庄重而古典,如今却更贴近平常的生活。信件发出了文学的光芒。另外,文学领域人才辈出,斯蒂尔(Steele)、斯特恩(Sterne)、斯威夫特(Swift)、迪福(Defoe)和菲尔丁(Fielding)等天才作家也都诞生于这个时代,艾迪生(Addison)的《观众》(*Spectator*)杂志也出现在了家家户户的早餐桌上。

汉诺威王朝

1714年,安妮去世,汉诺威家族的乔治继承了英国王位,即乔治一世①。多亏了这位所向披靡的战士,英国才得以摆脱法国国王的操纵和侵犯,掌控通往地中海的桥梁——直布罗陀海峡(Gibraltar)。

乔治一世属于德裔,是查理一世的妹妹伊丽莎白的孙子。他一直依恋着汉诺威家族,但他还是极不情愿地接受了英国王位。他不会讲英语,一边抽着烟,一边听着首相罗伯特·沃尔波尔②给他分析国事。不仅如此,宫廷中的女人们还将报纸上的图画剪下来,嬉戏玩乐,以此来缓解乔治的思乡之情。

因为对英国的政治和语言不了解,因此,只能由沃尔波尔亲自挑选内阁大臣和牧师,并全权负责政策的制定,这开创了首相治国的先河。也是从这个时候开始,组建政府内部成员的重担就落到了首相身上。事实上,自安妮女王以来,没有国王参与过内阁会议,也没有国王拒绝过议会的提案。

乔治一世

自此,这样的一个国王成了新教和立宪政府的象征。但是,

---

① 乔治一世,汉诺威王朝首位国王。——译者注
② 罗伯特·沃尔波尔,英国政治家,被普遍认为是英国历史上第一位首相。——译者注

1714年汉诺威王朝执政以来，王室不干政，议会努力维护人民的自由，可谓是伟大的创举。议会也得以执政三十年，而自詹姆斯一世篡位以来，政党就代表了人民的权利。沃尔波尔创建了辉格党政府，而它也从未忘记自己的执政原则——坚持公平正义，从不干涉言论自由，从不妄想独立于议会而执政。三十年来，这些原则逐渐成为英国人民密不可分的一部分，人们已经习惯了遵守这些原则，甚至忘记了这些原则可能会践踏自由。

尽管自詹姆斯一世以来，辉格党和托利党经历了许多变数，但它们的本质从未改变：辉格党始终倾向于限制王权，而托利党则倾向于限制人民的权利。在沃尔波尔执政期间，托利党是王位继承者和高教会派的支持者，而辉格党则是威廉和新教派的支持者。它们的前任分别是"圆颅党"和"骑士党"，而它们的接替者，便是如今的"自由党"和"保守党"。

终于，国外和平，国内繁荣。只有1720年因为"南海泡沫"①所引发的投机热潮，短暂地打破了国内经济繁荣昌盛的景象。彼时，股票从一百英镑飙升至一千英镑，人们简直是陷入了疯狂。而后，股价下跌，所有的钱都化为了泡影，整个英国陷入了绝望中。这场泡沫灾难所造成的后果不可估量。不过，工业复苏，繁荣和财富也得以重新发展起来。1772年，乔治一世去世，又一位汉诺威的后代——乔治二世，登上了王位。

---

① 南海泡沫，指的是17世纪，英国政府由于自身的债务，故而疯狂购买南海公司的股票，导致其股价暴涨，之后又暴跌，从而引发的泡沫经济。——译者注

乔治二世

比起父亲乔治一世，乔治二世有个显著的优点，那就是他会讲英语。而且，他也不喜欢抽烟，更不会像他父亲那样，政务都让大臣处理，因为这种做法对国家来说是福是祸，还未可知。不过，他聪颖的王后凯洛琳十分信任沃尔波尔，沃尔波尔自然也就牢牢地掌控了王后，王后又牢牢地掌控着乔治二世，而这个年轻的国王还以为整个王国都在自己的掌控之中。虽然乔治二世头脑简单，没有治国才能，不过，他却是一位杰出的将领。他做事颇具条理，为人倔强却富于热情，因此，必须有机灵的人对他仔细看管，以防他行愚蠢之事。

这时，有个年轻的"王位觊觎者"——查理·爱德华·斯图亚特[1]，他正与法国路易十五密谋篡夺英国王位，如同他父亲和路易十四上演的戏码那般。我们常常看到，查理在欧洲各国走动，时不时登陆不列颠海岸。直到1746年，他在卡洛登沼泽被英军打败，这个斯图亚特家族的后代才消失——在罗马死去。从此，只剩下"查理才是真正的国王""漂洋过海奔向查理"这样的歌曲在欧洲大地上回响。

英国渐渐沦为汉诺威家族的一个附属品，财富也落入了汉诺威家族手中。后来，英国参与了奥地利七年之久的王位继承之战，就好像这个伟大的国家是奥地利的附属品一样。这一切使得民众很失望，因为英国此时最重要的是和平。然而，一波未平，一波又起。

---

[1] 查理·爱德华·斯图亚特，又称"小王子查理"，是"王位觊觎者"詹姆斯的长子，也是詹姆斯二世的孙子。——译者注

英属印度

1600年，伊丽莎白一世批准成立的东印度公司在印度已经发展得十分强大。当地一个印度王子，十分忌妒这些侵入孟加拉地区的外国人，于是，他做了一件震惊世界的事情，据说，这是由于遭到法国人的驱逐而恼羞成怒。在一个炎热的夏天，一百五十名移民者和商人被关入密封的地窖中，他们又热又渴，很多人在天亮之前，就都死了。剩下的人疯狂地踩踏着尸体，彼此拼命地爬向高处，只为那一点点可怜的空气和水分。这就是"加尔各答黑洞"事件[①]，也是导致了克莱夫带领英军战胜印度的关键性事件。1767年，英国建立英属印度王国。

魁北克之战

两年后，由于北美殖民地边界问题，英法两国交战。英国将领沃尔夫在成功推倒魁北克城墙之际，英勇牺牲。而法国将领蒙特卡姆也同样战死沙场，没有看到加拿大失守时的惨状（1760年），这也算是幸事一桩吧。

法国想在美洲建立殖民帝国的梦想化为了泡影。英国从西班牙手里得到了佛罗里达州后，就成了美洲东部地区的主人——北至新

[①] "加尔各答黑洞"事件，是指发生于1756年，因一百多位英国人被囚且窒息身亡，所引起的国际争论的事件。——译者注

斯科舍，南至墨西哥湾，东至大西洋沿岸，西至密西西比河。自伊丽莎白一世撒下殖民的种子后，如今英国在东方有印度殖民地，在西方有北美殖民地。曾经，英国最大的梦想不过是从法国手里夺回失去的土地，而现在，英国的梦想是称霸世界，让阳光照耀之处，皆为英国之领土。

约翰·卫斯理

　　一个民族的崛起，有人想打压，也有人想使其更加强大，这就使得二者只能通过更高层次的精神来解决。在英国，人们不再喝啤酒，取而代之的是烈性酒（为了避免征收高额的税），这里以前盛行酗酒之风。

　　牧师约翰·卫斯理[1]开始向人们宣扬卫理公会教义，这是一个简单纯粹的教义。自从奥古斯丁将基督教传入英国以来，这是人们第一次在心灵深处感受到了宗教信仰，人们得到了新的生命和灵魂，这比经济繁荣昌盛、领土扩张，更加激动人心。

　　沃尔波尔在这之前就已经去世，一个新手威廉·皮特[2]开始管理国家事务。

---

[1] 约翰·卫斯理，18世纪英国国教的神职人员和基督教神学家，卫理宗的创始者。——译者注

[2] 威廉·皮特，英国政治家，七年战争中英国的实际掌权人。——译者注

第十二章

乔治三世

七年战争结束时，英国已经将法国赶出了加拿大，而且英国舰队在库克船长的带领下，穿越了太平洋，舰队所到之处，更是皆成了英国之领土，其制度和文明亦深深扎根于印度。

英国成了北美大陆及太平洋沿岸岛屿的主人，也是即将统治印度的主人，与欧洲其他势力范围仅仅局限于欧洲大陆的国家而言，英国已远远超过了它们。而这一切的一切，居然发生在英国最没有权力的国王的统治时期。换言之，英格兰的伟大，并不是因为国王伟大，相反，国王没有实际的权力。

1760年，乔治三世[①]登上王位，北美十三个殖民地成了英国财政收入的主要来源，而北美地区也成了英国人的聚集地，同时也为一些失败者和冒险者提供了不错的去处。英国政府常常提醒他们，他们之所以能在北美殖民地幸福的生活，是因为国家给予了他们这一切，国家是为了他们才在印度与法国开战，并且付出了惨重的代

[①] 乔治三世，汉诺威王朝第三位君主，在七年战争中击败法国，并且使北美、印度成为其殖民地，后因精神失常由其子威尔士亲王代为执政，于1820年去世。——译者注

价。因此，北美殖民地的人逐渐富裕起来后，理应回报国家。他们将获得的东西都送往英国工厂，甚至连一个马蹄铁都没有留下，而英国工厂加工打包之后，再卖回北美，且被加上了关税。无论英国向他们征收了多少税，他们都对愿意管理他们的政府常怀感恩之心。

印花税

若是殖民地仍旧需要英国来保护，以避免不受法国侵犯，那殖民地的人可能不会怀疑自己的待遇是否公正了。他们打心底里忠诚于英国，从没有想过要独立于英国。但是，自从魁北克之战失败后，他们渐渐觉得只有独立才会有安全感。他们是盎格鲁-撒克逊的后人，他们清楚地知道，如果想得到民权，将要面对的则是长久的斗争。1765年，他们被告知，他们必须分担英国因为保护殖民地而发动战争所带来的债务。为此，英国还颁布了《印花税法案》，他们也仔细地了解法案的内容。法案规定，殖民地上流通的所有文件，无论是遗嘱、契约、票据、草案、收据等，都要贴上英国政府的邮票。

一直以来，北美十三个殖民地几乎对任何事情都无法统一意见，然而，在这个法案上，他们想到一块儿去了，他们不会接受所谓的印花税。他们都读过《自由大宪章》，他们清楚地知道，《印花税法案》违背了《自由大宪章》的重要原则，并且还是用来向在议会没有发言权的人们敲诈税收的，所以，《印花税法案》并没有征得北美殖民地区的同意。

皮特强烈谴责《印花税法案》，称其为暴政，博克和福克斯也抗议《印花税法案》，英格兰上上下下都在呼吁废除印花税。皮特还称，北美殖民地现在的精神状态，就跟当年英格兰反抗斯图亚特家族制定"造舰税"时的精神状态一样。最终，印花税被废除了，人们十分欢欣。然而，没过多久，国王乔治三世便又有了另一个计划。

茶税

乔治三世读过英国历史，他知道如果议会不同意自己的举措的话，那他要做的不是反抗议会，而是想办法拉拢他们。他贿赂各个选区，挑选众多托利党人组成下议院。下议院已经不再是一个代表机构了。如果皮特违抗国王的旨意，国王便会再找一个听话的人。于是，另一项税款诞生了。

1773年，英国议会通过《茶税法》，一磅三便士的茶叶，从印度直接运输到美洲，可以不用向英国交税，这样一来，卖到北美殖民地的茶叶就便宜了（虽然还要上交殖民地的关税），英国政府也能有一笔可观的收入。

然而，北美殖民地人民对于便宜的茶叶完全不为所动，他们坚持茶叶交易中，不能有第三方收税，他们坚定不移地保持着自己的立场。当载满茶叶的货船抵达波士顿港湾之时，一群北美殖民地人伪装成印度人，将所有茶叶都倒入了海中。

乔治三世听此消息，恼羞成怒，下令关闭了波士顿港口，并且废除了马萨诸塞州的自治特权，解除了让每个殖民地自行进行议会选举和法官选举的权力，他将这些权力转移给总督，还允许总督将反抗者送到英国接受审判。为了保证总督的执行力，他派遣盖奇将军带领军队维持秩序，并且又任命了一位官员来管理马萨诸塞州。

福克斯曾说："乔治三世这个榆木脑袋，有这么大的权力，却做了这么多坏事，真是让人无法忍受！"乔治三世的固执和愚昧，使英国损失了最宝贵的财富。几乎不敢想象，假如英国现在还牢牢掌控着北美，那它的力量该有多强大！

乔治三世对于自己的愚昧完全没有意识，甚至还夸夸自得，觉得自己做的决策都是正确的。他开心地摩拳擦掌说："决策已定，木已成舟，殖民地必须服从。"（这意思是说，殖民地要取得胜利是不可能的）。皮特（现为查达姆伯爵）、博克、福克斯，甚至是上议院的托利党，都向乔治三世请愿，然而，乔治全然不为所动。他一意孤行，一手造成了后来所有的损失，诺斯公爵也不过是服从于他的一个工具罢了。

承认美国独立

北美十三个殖民地抛开曾经的种种分歧，团结一致对抗英国。他们在莱克星顿（Lexiongton）和邦克山（Bunker Hill）浴血奋战之际，产生了一个更加坚定的念头，那就是，要取得独立。

一封殖民地政府署名为乔治·华盛顿①的信送给了英军总司令，然而，信原封不动地被送了回去。双方开战，殖民地一开始实力相差悬殊，后凭借战略优势取得胜利，其坚忍不拔的精神和坚实的后备力量更是支撑着这场战役，这简直是一个奇迹。最后，法国出手相助殖民地，以英军将领康沃利斯在约克镇的大败，宣告了战争的结束。

1783年，一个灰蒙蒙的早晨，乔治三世灰头土脸地站在上议院门前，宣布承认美国独立。

因此，英美双方的战争结束了，查塔姆公爵曾评价这场战争为"非正义的愚蠢之战"。

黑斯廷斯②遭到弹劾

美国独立战争期间，报纸发展成了一股新的力量。人们的情感不再需要下议院来表达，他们找到了另一种表达方式，那就是，将公众的舆论收集起来，刊登在报纸，这形成了政府都不敢与之抗衡的力量。《纪事报》（*Chronicle*）、《邮报》（*Post*）、《先驱报》（*Herald*）和《泰晤士报》（*Times*）开始出现，像哲学家柯

---

① 乔治·华盛顿，美国杰出的政治家、军事家、革命家，开国元勋、首任总统，因美国独立战争和建国中的重要作用，被称为"美国国父"。——译者注
② 黑斯廷斯，即沃伦·黑斯廷斯，英国殖民地官员。首任驻印度孟加拉总督，最初受雇于东印度公司，后步入政界。——译者注

勒律治①、政治家坎宁②等人就常在报刊专栏上发表自己的意见，呼吁改革。博克、福克斯和谢里丹（Sheridan）对东印度公司官员沃伦·黑斯廷斯进行的弹劾，揭露了东印度公司贪污腐败的现状，这个垄断性的巨头公司因此破产了，英国政府不得不在印度设立管理委员会，并将其纳入英国政府的政治系统（1784年）。

1769年，詹姆斯·瓦特③发明了蒸汽机，一开始人们对这一发明很惊讶，后来产生的显著成效，不仅让人们震惊，而且推进了英国和整个世界的工业化进程。

1789年，英国见证了那场可怕的法国大革命，法国人民的情绪一度高涨，巅峰时期，更是处死了国王和王后。这可怕的场景让人觉得共和主义罪大恶极。哪怕像博克这样乐观公正的人，听到激进的言辞也会害怕。拿破仑·波拿巴④出现了，他很快复辟了王朝，然后几乎控制了整个欧洲。直到英国威灵顿公爵阿瑟·韦尔斯利（Arthur Wellesley）率领盟军在滑铁卢大败拿破仑，他辉煌的一生才走到了尽头。

---

① 柯勒律治，英国诗人和评论家，代表作《古舟子咏》《忽必烈汗》等。——译者注
② 坎宁，英国政治家、外交家，仅仅任职一百天英国首相就病逝。——译者注
③ 詹姆斯·瓦特，英国发明家，他发明的蒸汽机，使人类进入了蒸汽时代。——译者注
④ 拿破仑·波拿巴，19世纪法国伟大的军事家、政治家，法兰西第一帝国的缔造者，亦是法兰西第一帝国皇帝，即拿破仑一世。——译者注

英国第一条铁路

在这个时代，乔治·史蒂芬森[①]正在构思一个大胆的计划。1807年，富尔顿[②]发明了蒸汽船，并于1819年使用蒸汽船首次横跨大西洋。如果说蒸汽可以带动轮船，那是不是意味着也能够驱动车在陆地上行驶呢？于是，史蒂芬森做了一个大胆的实验，他将雾气腾腾的蒸汽机放置在满载的车上，人们都以为这是不可能的。1830年，他的计划实现了，世界上第一辆蒸汽火车"火箭号"（The Rocket），从利物浦缓缓驶向曼彻斯特。威灵顿公爵以身试险，开始了这次试验性的旅程。

乔治四世

自1783年，乔治三世宣布承认美国独立后，他的精神大不如前，后来更是演变成精神失常。1820年，乔治三世去世，其子威尔士继位，即乔治四世。但乔治四世除了混乱的私生活，其他方面没有什么可提的，在此就不多赘述了。他纸醉金迷的一生中，最重要的事情就是同菲茨赫伯特夫人的非法婚姻和同布伦瑞克的卡洛琳的合法婚姻，但他与后者的婚姻形同灾难，后来甚至分居。

他的女儿，年轻漂亮的夏洛特公主，与萨克斯–科堡的利奥波

[①] 乔治·史蒂芬森，英国工业革命时期重要的发明家之一，于1814年研制出世界第一辆蒸汽机车，并在铁路上试车成功。——译者注
[②] 富尔顿，美国著名工程师，制造了第一艘以蒸汽机做动力的轮船。——译者注

德王子结婚不久后，便于1817年去世。她原本是要继承王位的，但1830年乔治四世去世后，王位就落入了他的水手弟弟威廉手中。

威廉四世

威廉四世登上王位的时候，已经六十五岁了。他举止粗俗，也不是品位高的绅士。然而，他的真诚倒也不令人讨厌，上台以后不久，他拥护的《改革法案》更是使他深得民心。

长期以来，下议院五百多年来采用的代表制度已经阻碍了他们工作效率的提高，议员们也不似以前那般公平，甚至有些选区早已消失在公众的视野中。一个市镇选区常年被海水包围，另一个则已经只剩下一片废墟。像曼彻斯特（Manchester）、利兹（Leeds）、伯明翰（Birmingham）和其他十九个面积广大又经济繁荣的地区，没有一个议会代表。这些所谓的"腐朽的自治区"，掌权的都是那些大地主，有的甚至一个人独揽十三个自治区，并且在他的授意下，有十一人进入了议会。很明显，改革十分有必要，而且似乎很容易完成。然而，上议院坚持用旧制度，好似只有这样，英国才能赖以生存。最后，改革还是进行了。当改革开始时，老威灵顿公爵说："我们必须满怀希望，然而，即便是最乐观的人也不相信，改革以后，我们还会像之前那样繁荣。"

《改革法案》

改革通过的法案废除了五十六个腐朽的自治区,取而代之的是四十三个新选区和三十个郡。

在这场改革的竞争中,托利党更名为"保守党",而他们的对手辉格党则更名为"自由党"。这次改革也成为英国历史上一个重要的转折点。工人阶级开始走上政治舞台,曾经一度代表财富的下议院,现在则代表普通老百姓。

英国社会的方方面面都发生着变化,除了政治上的改革,人们的同情心也开始觉醒,法院大大减轻了刑罚的力度,而监狱的条件也不再糟糕。每个周一的早晨,再也不会有熙熙攘攘的囚犯去围观二三十个因小偷小摸而被判处接受刑罚的囚犯了。

此外,政府为了减轻不幸之人所承受的苦痛,改善劳苦工作的人们所生活的社会环境,做了不计其数的改革措施。如,小孩们再也不用去矿场、工厂或烟囱打扫了,他们可以去学校上学了。

解放奴隶

1833年,在威尔伯福斯[①]的努力下,英国政府颁布了废除黑奴的法案,且赔偿了奴隶主两千万英镑,使得八十万黑人重获了自由。

---

① 威尔伯福斯,英国国会议员、慈善家、废奴主义者。——译者注

第十三章

维多利亚女王[1]

1837年6月20日，凌晨五点，威廉四世于温莎城堡过世（距离写下这段文字，已经是五十八年前）。一个十八岁的少女在睡梦中被人叫醒，得知自己成为大不列颠及爱尔兰女王。维多利亚是威廉四世的弟弟肯特公爵爱德华唯一的女儿。1840年，她与表哥阿尔伯特-科堡王子结婚，两人感情十分深厚，而且科堡王子也成了女王最得力的助手。

爱尔兰大饥荒

由于谷物价格太高，爱尔兰人民多年来一直以土豆为主食。然而，土豆连续好几年都没有收成。1845年，爱尔兰爆发了一场可怕的大饥荒，各国纷纷施以援手，拯救饿殍遍野的爱尔兰。英国

---

[1] 维多利亚女王，英国汉诺威王朝最后一位国王，亦是英国历史上在位时间第二长的国王，仅次于伊丽莎白二世女王。——译者注

议会花费了一千万英镑购买食物,然而,还没等食物运到爱尔兰,就已经有两百万人死了,这占据了爱尔兰当时四分之一的人口。理查·科布登(Richard Cobden)和约翰·布莱特(John Bright)等人主张不以玉米为主食,而以政治家迪斯雷利(Disraeli)为首的保守党人则坚决反对这种做法。随即,导致了激烈的争论。后来,英国政府允许其他国家将食品销往本国,贸易往来也变得自由化。

俄罗斯沙皇尼古拉斯二世①,和历史上所有沙皇一样,他一直等待着合适的时机,想将君士坦丁堡一举拿下。现在,英国成了店老板的天下,法国新的帝国也刚诞生,正忙着开始新的发展,新的改革。伊斯兰教的苏丹在巴勒斯坦地区限制基督教徒的行为,使得虔诚的基督教徒尼古拉斯勃然大怒,他宣称自己要成为土耳其基督教的守护者,实际是想将君士坦丁堡的主权转移至圣彼得堡。

与俄罗斯开战

东方的奥斯曼土耳其帝国堕坑落堑、民心涣散,只要轻轻一碰,就会成为废墟。与整个现代化的欧洲相比,它落后封闭,显得格格不入。这样的帝国让英国很是同情,为了使其重新步入正轨,英国加入了一场生死之战,这让不相信英国的人十分惊讶。英国保卫土耳其的真诚之心,简直和俄罗斯想保护巴勒斯坦地区的基督教一样。

---

① 尼古拉斯二世,俄罗斯帝国末代皇帝,亚历山大三世的长子。——译者注

然而，所有的外交托词背后的真相，就是俄罗斯想占领君士坦丁堡，而英国则不惜一切代价要阻止俄罗斯。君士坦丁堡希望自己不会落入俄罗斯手中，俄罗斯可是英国在亚洲的头号敌人。

法国在东方并没有什么要保护的国家，所以它也参与了这场令人费解的战争。后来，我们知道了法国的野心有多大，资本有多雄厚。欧洲见识到法国与英国结盟，这就足以引发一场战争。况且，这些外交政策可以让人们的注意力不再过分纠结于新晋国王谋权篡位之事上。

这些只是1854年克里米亚战争[①]爆发的前奏，而这场战争是现代史上死伤最惨重的战争之一。两大基督教国家英国和法国维护世界上最为衰落的政府土耳其，英勇的英国士兵将一腔热血洒在了土耳其的土地上。

很快，我们就会发现，英国人不仅是优秀的商人，更是非常英勇的战士，哪怕人数不及敌人多，但他们的勇猛无畏让俄罗斯不寒而栗。后来，英国一直处于优势。

六百位英国士兵听从了一个错误的命令，带着武器冲进了山谷，遇到了埋伏着的三万敌军。

> 前进吧，战士们！
> 难道会有人害怕吗？
> 我们从来不知何谓害怕！
> 错已铸下，

[①] 克里米亚战争，拿破仑帝国崩溃以后规模最大的一次国际战争，奥斯曼帝国、英国、法国等先后向俄罗斯帝国宣战。最终，以俄罗斯的失败而告终。——译者注

> 我们无权改变什么，
> 也不能问为什么。
> 只能战斗，只能在战斗中死去，
> 在这死亡之谷，
> 六百名战士英勇赴死。

这样重大的失误除了在巴拉克拉瓦，还不只发生过一次。英军将领虽一个比一个无能，但具有严明纪律的士兵，连俄罗斯的炮弹都稍逊一筹。

英国给士兵们送去了大量的物资，甚至都超过了军队的消费。此外，还有成千上万吨用来建房屋的木头，大量的衣物，以及药品和其他物品都运至了巴拉克拉瓦。

人们站在塞瓦斯托波尔，常常能够看到英国满载物资的船只，但这些不属于他们。战场上的许多士兵饿死的饿死，冻死的冻死。他们衣衫褴褛、赤裸双脚、食不果腹，哪怕是有食物，他们也没有燃料来煮饭，他们已是精疲力竭。凛冬已至，在海拔高的地方要度过一个冬天，即使英勇的战士也会失去战斗力。

战场的医疗条件实在是太落后了，被送到医院就等于送死。十有八九的人都死于坏疽，如果得不到及时治疗的话，一年半的时间士兵就会一个不剩了。英国护士弗洛伦斯·南丁格尔[①]改变了这个悲惨的局面，她细心照料士兵，并且让他们恢复健康，也使军营重获秩序。

[①] 弗洛伦斯·南丁格尔，英国护士和统计学家，代表作《护理札记》。——译者注

当英国骄傲地回首克里米亚战争胜利时，它一定会铭记，是处于社会底层的士兵带来了这一荣耀。战争结束之际，成千上万的人被屠杀，但是因为政府的无能造成的死亡人数却比战争多了不知多少倍。

英国取得了胜利，也付出了沉重的代价。俄罗斯的势力被遏制，甚至被赶出了曾经占领的黑海领域。两百万土耳其人可以肆无忌惮地压迫八百万基督徒了；两万年轻的英国士兵战死沙场。虽然付出了代价，但这场战争铺就了通往印度的路。

西帕依革命

英国原本无意征服印度。但由于一个英属印度省份不断遭到邻省的侵扰，英国为了自我防卫，不得不惩罚这个省份，而这种惩罚又不可避免地变成了征服。于是，印度各省就逐渐被英国征服，成了英属殖民地。1856年，英国吞并奥达帝国（Kingdom of Oude）之后，其殖民地扩张至喜马拉雅山附近，整个印度就处于英国控制之下了。曾经英国商人小小的贸易公司，现在已成了一个庞大的帝国，且资产雄厚。

英国对印度的殖民统治，可谓十分善良，人们的生活条件有了提高，除了被废黜的王公贵族充满了怨恨与苦楚，人们很少有抱怨。想管理这么大的疆域，就必须有一支强大的军队作为保障，而这支军队则由当地人组成,他们被称为"西帕依"①,是非常优秀的士兵。

1857年,奥达国国王和当地的王公贵族密谋,他们想通过"西帕依"来推翻英国的殖民统治。很快,他们就等到了一个好时机。

坎普尔大屠杀

英军发明了一种新的步枪,弹药筒需要用猪油、牛油等动物油润滑。奥达国国王等人挑拨离间,告诉"西帕依",英国人的目的是破坏他们的宗教信仰。因为这些"西帕依"信奉的是伊斯兰教和基督教,教徒们的嘴唇一碰到猪肉,他们将会失去自己的灵魂,还有印度教徒崇拜的牛如果受到侮辱,那他们也会成为罪无可恕的人。这些英国人不仅要摧毁他们的今生,还要毁掉他们的来世。

原本淳朴的"西帕依"惊恐万分,他们变成了恶魔,开始反抗英国。二十二个兵营同时发生叛乱,他们毫不留情地屠杀英国军官和欧洲人。其中,坎普尔的叛乱最为严重,仅仅几天,卫戍部队就向纳纳萨希布和他带领的"西帕依"部队缴械投降。英国军官被枪杀,他们的妻子、女儿、姐妹和小孩,总共两百多人都被关在了一个曾经是女士跳舞的大房间里。

这些人被囚禁了十八天,她们恐怖的经历我们无从知晓。五个士兵拿着军刀,在十八天后的黄昏走进了房间,并关上了门。随

---

① 西帕依,英国军队中的印度兵。——译者注

即，房间里传来哭喊、尖叫和呻吟声。有人三次将军刀递出窗外，要求更换更锋利的刀子。最后，尖叫声和呻吟声都渐渐停止了，一切归于平静。第二天，残损的尸体被扔到了一个枯井里。

两天后，英国将军哈维诺（Havelock）前来寻仇，他征服了"西帕依"，并无情地惩罚了他们。

坎普尔的枯井里，永远地埋葬了印度人犯罪的证据。当我们回想起来时，仿佛还能听到"西帕依"开枪的声音。从那个时候起，这场战争便成了人类和魔鬼，文明和野蛮的代名词。我们不推崇以暴制暴，但也不能忘记，我们是一个基督教国家，对方是一个异教国家。

对领土贪婪的欲望和非正义的手段，使得英国征服了印度。然而，后来的人们看到，这个几乎占据全球人口四分之一的国家，变成了一个文明的国家，这是多么伟大的壮举。这一切离不开一个遥远的、欧洲西部的国家。

大西洋电缆

年轻的维多利亚女王执政期间，除了面对饥荒和战争，还需要处理其他事情。一种比蒸汽更大、更微妙的力量进入了我们的生活。1858年，一个奇迹诞生了，一根电缆穿过大西洋海底，将欧洲和美洲这两个隔海相望的大洲连接在一起，使它们变成了手牵手的好朋友。

达盖尔照相法

在发现某些化学物质的条件下,另一个奇迹被创造了出来,那些场景和对象会在准备好的平面上留下印记。生活仿佛有了一种魔力,加快了科技进步的步伐。科学家们进一步认识了疾病,并创造了新的医疗技术。原本令人痛苦难忍的外科手术,因为麻醉剂的出现而得到了大大的缓解。机械的发明不仅解放了劳动力,还提高了工作效率。

世界首个展览会

1851年,维多利亚女王的丈夫阿尔伯特亲王想举办一个盛大的展览会,来展出所有先进而伟大的成果,于是,在他的主持下,用玻璃和钢铁建造的西德纳姆宫(Sydenham Palace)落成了。

在文学领域方面,丁尼生[1]用诗歌记录了英国人民不朽的精神。萨克雷[2]和狄更斯[3]笔下的散文,不仅描绘了维多利亚时代的辉煌,也揭露了社会的阴暗面。

---

[1] 丁尼生,维多利亚时代最具特色的诗人,代表作《悼念》。——译者注
[2] 萨克雷,英国批判现实主义作家,代表作《名利场》。——译者注
[3] 狄更斯,英国著名作家,代表作《大卫·科波菲尔》《双城记》等。——译者注

阿尔伯特亲王之死

1861年，阿尔伯特亲王去世了，这对维多利亚女王来说是一个沉重的打击。由于在美国有困难、有需要的时候，阿尔伯特亲王曾对美国施以援手，所以美国人对阿尔伯特亲王印象很好。南北战争时期，美国的命运犹未可知，英国鲜有人支持，甚至巴不得看着美国分崩瓦解。

我们永远都不会忘记，有三个特别的人选择了支持我们，那就是：阿尔伯特亲王、约翰·布莱特和约翰·斯图亚特·穆勒。

苏伊士运河

当时，聪明狡猾的英国首相迪斯雷利（比肯斯菲尔德公爵）在法国已经在地中海和红海之间开凿水路（苏伊士运河）的事情上投入了大量的人力和物力后，插了一脚，因为英国可不会让法国掌控通往亚洲的要塞。于是，英国政府向贫穷的埃及总督赫迪夫（Khedive）发了一份电报，称愿意用两千万美元来换苏伊士运河的开发权，这对于埃及来说可不是一笔小数目。很快，埃及就接受了这个条件。英国当时已占领了阿拉伯亚丁湾港口，现在又牢牢抓住了埃及的经济命脉，而法国辛辛苦苦开凿出来的苏伊士运河，最终也落入了英国手中。

比肯斯菲尔德公爵圆满地结束了他充满戏剧性和独特性的

首相生涯,并且他给单身的维多利亚女王戴上了新的王冠——印度女王。他的继任者,威廉·尤尔特·格拉斯通(William Ewart Gladstone)是一个伟大的自由党领袖,他行事相对低调且乐于安居现状。1869年,他将爱尔兰从天主教的压迫中解救出来,这也是由于三百年来,爱尔兰认为天主教教义不正、亵渎神明,一直想推翻的原因。我们相信,不仅如此专制的统治记忆,爱尔兰会一直铭记于心,还有对爱尔兰有过帮助的英国,它也会心怀感谢之情的。废除爱尔兰地区的英国教会,的确是维多利亚时期最为正义的举措之一。

爱尔兰的问题过于复杂,即使最明智、最善良的政治家来解决也会免不了愚蠢、错误和愤怒的行为。我们也不知道,假如让爱尔兰建立自己的议会,那情况是否会有所改善?这个答案只有通过实践才能知道,然而,此时的英国还不想迈出这一步去实践。

第十四章

奥利弗·克伦威尔

当时,英国在印度建立强大的殖民帝国之后,又在南非建立了殖民地,二者的情况类似。

1652年,奥利弗·克伦威尔统治的巅峰时期,荷兰东印度公司想在通往东方的道路上找一个中转点,便萌生了在南非好望角建立一个帝国的想法。葡萄牙人是探险者中的先驱,他们在探险途中到达好望角稍作停留后,就匆匆去追寻传说中的黄金。

不过,荷兰人就不一样了。他们从不奢求自然的宽容,他们踏上一片土地就会根植于此,不管条件多么艰辛,他们也不会被其他遥不可及的优渥地方所吸引,他们只需要一片赖以生存的土地。于是,他们坚持在贫瘠的土地上开垦耕种。

但是,命运还是眷顾他们的。《南特赦令》[①]被废除以后,三百名胡格诺派教徒逃亡至此,这给贫瘠的生活增添了不一样的色彩。一个世纪以来,这些来自荷兰和法国的人们在这片土地上耐心地劳作着,他们的土地不断地扩大,他们得到的回报,就是这个中

[①]《南特赦令》,法国国王亨利四世颁布的一条敕令。——译者注

转点归他们所有，他们内心深处渴望的自由和独立，此刻实现了，他们不再受旧世界的专制制度的迫害了。

南非殖民地

然而，英国也想在通往印度的道路上寻找一个中转点。于是，英国紧随荷兰东印度公司的脚步，建立了中转点，这也就意味着英国东印度公司变得更大，在东方的殖民地变得更多了。顿时，荷兰的天空阴云密布，旧世界的浪潮涌入了他们与世隔绝的小天地。这样一来，就刺激了荷兰人充满反抗和侵略的情绪。毕竟，荷兰人能在南非建立殖民地，靠的就是这一股劲儿。彼时，叛乱和暴动不断升级，形势十分严峻。英国政府不得不前去镇压他们，英军行事效率很高。1806年，经过最后一次的镇压之后，英国成了南非殖民地的主人。1814年，英国政府支付了六百万英镑给荷兰驻南非总督后，正式从荷兰人手中得到了南非殖民地。

荷兰殖民地

通过武力征服和金钱购买，英国拥有了世界上最大、最丰富的钻石矿藏和黄金矿藏（不过，当时英国还不知情）。最终，荷兰人辛辛苦苦与自然斗争，开垦了一个半世纪的土地，到头来都成了英国的。作为回报，英国政府准许荷兰人"和平"地继续居住在他们开垦出来的土地上！

就这样，两个截然对立的民族被快速而随意地捆绑在了一起。一个是最为保守的民族，一个是最为激进的民族，想试图磨去对方的棱角，彼此融合在一起，结果是并不如人意。荷兰人在与英国人经过了二十年的艰苦抗争后，心灵深受重创，于是他们决定离开。他们穿过奥兰治河（Orange River），到达北边的蛮荒之地，然后建立了新的王国，永远属于他们的王国。1835年，他们开始了大迁徙，三万多人蜂拥至奥兰治河北部，后来又往东扩张至如今的纳塔尔（Natal）海岸附近，从此，这片土地有了一个响亮的名字——奥兰治自由邦。

1814年，英国在购买南非殖民地的条款中，出现了一个漏洞，那就是没有明确奥兰治河以北的蛮荒之地的范围。这也就意味着，奥兰治自由邦的疆域可以不断地向北延伸，但同时也成了后来矛盾重重的一个缘由。由于条款中的一个疏忽，严重影响了英国的政治和外交，甚至极大地破坏了国家的声望。荷兰人到底有没有权力在不属于自己的土地上建立一个王国，并且阻断他人通往北部的道路呢？英国政府是否会允许自己的敌人，在自己的疆域边界建立一个不友好的城邦呢？这些都是当时争议不断的问题，因为每个国家的立场不同，答案自然也会不同。

如果知道这个问题会引发严重的后果，那么答案应该会一致的。但不得不承认的是，无论这个争议地区的主权属于谁，英国会比荷兰更能推动此地的文明发展，这一点是毋庸置疑的。

英国奴隶政策

英国人和布尔人①对奴隶的政策是完全不同的。1835年,奴隶解放运动兴起,双方也因为奴隶解放的问题引发了强烈的争议,最终导致决裂。布尔人认为奴隶是自己财产的重要组成部分,但是由于英国的奴隶解放政策,使得他们的利益受到了损害,虽说英国发放了补偿金,然而,补偿金的数目远远比不上奴隶的价值,因此他们非常愤怒,并且认为,与其说是赔偿倒不如说是没收财产。

于是,他们下定决心摆脱英国的压迫,去一个他们可以自己制定政策和法律,可以随自己的心意做事的地方。于是,他们离开了自己辛辛苦苦耕耘已久的土地。

在这场奇怪的大迁徙中,有一个不起眼的十岁小孩,他年纪虽小,却体格强健,跟随着牛车艰苦跋涉的同时,还不忘放牧牛群。这个小孩就是保罗·克留格尔②。他亲身目睹了一百三十五个布尔农民巧妙地利用马匹和步枪对抗一万两千名敌军,这让他第一次认识到了军事剥削。然而,布尔人与他们的先辈一样,不过是再一次为英国开辟道路罢了。

1842年,英国占领了纳塔尔;1848年,英国已经占领了整个奥兰治自由邦。于是,布尔人又一次开始了大迁徙,他们穿过瓦尔河(River Vaal),建立了德兰士瓦共和国,又称南非共和国。

---

① 布尔人,荷裔南非人,尤指德兰士瓦和奥兰治自由邦的早期居民。——译者注
② 保罗·克留格尔,南非政治家,德兰士瓦共和国总统。——译者注

英国对南非政策

接下来的三十多年，英国对南非的政策一直摇摆不定，但其目的却从来没有变过——在南非建立殖民统治。如果顺利，就采用和平的手段，如果不顺，就会使用武力。英国现在面对的布尔人是殖民历史上最棘手、最顽强的民族，并且，令英国尴尬的是，其在宣布拥有南非主权的文件里存在缺陷。此外，布尔人很守旧，他们不接受一切先进的文明。从他们离开荷兰以后，他们就停止了进步。英国人在他们眼里不只是侵略者，还是要他们废除奴隶制，并且要教他们实施怀柔政策的敌人，因此他们十分痛恨英国人。而英国也因布尔人残忍地迫害当地的奴隶，处决了四个布尔人，以儆效尤。这样一来，双方的矛盾更加激烈，和平更是遥不可及。

1852年，英国为了安抚当地人，放弃了对奥兰治自由邦和德兰士瓦共和国的控制权。可是，不到五年的时间，布尔人就因为内部不断爆发的冲突和矛盾，分裂为四个敌对的共和国。当时，德兰士瓦共和国的总统克留格尔竭尽全力想重新统一这个国家，但没有成功。他们唯一形成统一，就是迫害原住民的时候——他们从未和原住民建立友好的关系。或许，对于这样一个经常迁徙的民族来说，要营造一个良好的内部环境，建立一个稳定的政治制度和经济制度，并且拥有自己的文明，本就是不可能的事。但也正是这种混乱不堪的局面，使得英国认为，或者是声称，只有德兰士瓦共和国加入了开普敦殖民地这个举措，才能保护殖民地的安全。

布尔人无可奈何地接受了这个举措，但有些领袖认为这是最好的选择。的确，这种混乱不堪的局面，这样的举措可能是唯一的解决方法。

因此，1877年，德兰士瓦共和国，即南非共和国归属于大英帝国，统治者也变成了维多利亚女王。

通过1881年双方签订的条约，德兰士瓦共和国宣布自治，不过，它没有独立的主权，任何的外交关系都要遵从于英国维多利亚女王的宗主权。换句话说，德兰士瓦共和国成了英国的附属国。

1881年签订的条约，后来引发了一场大战。1884年，在英国重新制定的条款中，"宗主国"这个重要的词汇被忽略了。至于这是一个意外，还是有心为之，我们就不知道了。但是，德兰士瓦议院注意到了这一点，声称忽略了"宗主国"这个词，就是意味着英国放弃了对德兰士瓦的主权，承认其是一个独立的主权国家。

英国外交部长德比公爵回复道，重新制定条款不会出现这么大的疏忽，之所以没有使用"宗主国"这个词，仅仅是因为其容易引起歧义。但是，英国的立场和权益是明确的，那就是坚决反对南非共和国私自与任何国家签订条约，因为这样的权力只有英国女王才拥有，言外之意，就是南非共和国并不是一个独立的主权国家。

除了应对这场外交风波，英国还有许多麻烦的事。南非共和国拥有十分丰富的资源，都是英国投入大量资金开采的，若非如此，这些资源也就不会被发现了。南非人称英国人为"外地佬"（或"外地人"），而"外地佬"抱怨说，南非人不仅不配合他们的工作，还阻碍他们共同开发致富。他们还抱怨说，自己是南非最主要的纳税人，却没有资格参与议会，他们为所有的金融企业筹集资金，但他们应该拥有的权利却被剥夺了。

詹姆森袭击事件

在这样的情况下,发生了整个南非历史上最不光彩的一件事,即"詹姆森袭击事件"。这一事件使世人对英国产生了怀疑,人们开始同情布尔人。詹姆森与南非公司的塞西尔·罗兹(Cecil Rhodes)关系很好,他们发动了叛乱,想通过武力推翻克留格尔政府,获取以前拒绝英国的赔偿。

当叛乱达到了革命的级别时,它才会变得有价值。但是,"詹姆森袭击事件"显然没有到达革命的境地。因为不到四天的时间,整个叛乱组织就缴械投降,叛乱的主谋也被逮捕。他们曾想用武力占领约翰内斯堡,但都被英国镇压了。詹姆森和他的同党们被押送到英国接受审判,并被处以不同的刑罚。另外四个主谋——其中一个还是美国人,则被奥兰治自由邦的法官判处了死刑,最后,他们向南非共和国支付了一大笔赎金,才被免除了刑罚。

英国政府想方设法地想挽回自己的尊严,没承想,这件悲惨的事件却使其颜面尽失,而南非共和国亦是没有得到任何好处。

随后,英国政府重新开始与南非共和国谈判,阿尔弗雷德·米勒爵士(Alfred Milner)代表英方提出三点要求:第一,强烈要求赋予外籍居民正当的公民权利;第二,降低行业垄断给矿工们带来的沉重压力;第三,也是最重要的一点,英国对德兰士瓦的主权有了官方承认。

最后一点被总统克留格尔拒绝了,他的理由是,主权的问题已于1884年处理了,英方在重新制定的文件中省略了"宗主国"一词,就相当于放弃了对德兰士瓦的主权。同时,他还提交了一些仲裁理由。

三次开战

  1899年10月9日，约瑟夫·张伯伦（Joseph Chamberlain）在准备新的方案时，总统克留格尔向他发出最后通牒，并要求他四十八小时内给出确切答复。若不及时答复，就相当于默认宣战。阿尔弗雷德·米勒回复道："你们提出的要求，我们认为根本没有商量的余地。"

  10月11日下午，双方开战。英军主将为布勒（Buller）将军，南非主将为朱伯特（Joubert）将军，副将为克龙涅（Cronje）将军。

  截至11月2日，双方已经交战三次，且损伤惨重。10月30日，英军遭遇一次突袭之后，被重重围困，并与外界断了联系，最后不得求助于莱迪史密斯的物资供应基地。

  英军屡战屡败、备受屈辱，直到12月，罗伯茨公爵成为英军最高统帅，任命基钦纳勋爵为参谋长之后，英国政府将大量的人力、物力运送到前线，试图扭转战局。然而，令世人震惊的是，二十万英国精兵在伟大将领的领导下，竟然遭遇三万不正规的布尔人的阻挡。英国政府一定是忘记了，这些南非殖民者的祖先曾经在路易十四入侵荷兰之时，公然反抗路易十四，并且切断了敌人的退路。有人曾说，英国政府的内阁成员不应该投票支持这场战争，除非他们读过莫特利的《荷兰的崛起》。事实上，很多人都认为，英国政府的目的就是不惜一切代价，在南非建立殖民统治。与此同时，很多英国名人也认为，这个小国家多年以来辛辛苦苦地在南非建立了自己的家园，他们是不可能让外国人成为自己国家的公民的。此外，有很多人还认为，"外地佬"涌入当地，布尔人的艰辛和委屈不比"外地佬"少，他们十分同情布尔人。反观英国，由这次事件带来的屈辱，反而使得人们的爱国热情高涨，甚至连后来出现的灾难，也激起了人们的民族自豪感，使得人们重新振作起来。战争充满了未知的艰险，但年轻的士兵在战场上抛头颅、洒热血，这一切的一切都唤醒了英国人心中沉睡已久的热情。罗伯茨公爵唯一的儿子，以及达弗林爵士的儿子相继战死沙场。1900年10月29日，维多利亚女王的亲孙子——维克特王子（Prince Victor）也在战场上牺牲，这些都使得这项事业变得神圣起来，任何一个英国人都愿意为之献出生命。

1900年9月1日，罗伯茨公爵正式宣布，奥兰治自由邦和德兰士瓦共和国成为"大英帝国的殖民地"。

这是战争结束的开始，1900年12月2日，罗伯茨公爵率领士兵凯旋归来，英国人民为之鼓舞，因为胜利是属于他们的。六千英里外的那方土地成了两万英国士兵永远的安眠之地。很快，这方土地无可争议地属于了英国。

但我们要明白，为了得到南非殖民地的资源，英国所付出的沉重代价，九次激烈的卡菲尔战争（有一场战争是威胁），王公贵族和普通民众的鲜血如同雨水般注入了非洲大地。英国倾注了这么多的鲜血和财富，它是变穷了，还是变富了？它得到了南非的金矿和钻石矿藏，其地位和声望是提高了，还是下降了？失败了的布尔人，则沉浸于自己的伤痛中，沮丧于过去的失败中。

南非共和国的智慧和精神领袖克留格尔总统在战败以后，就踏上了流放的路途，这还真是令人唏嘘。确实，保罗·克留格尔从大迁徙时一边放牧牛群，一边艰难跋涉开始，再到最后于失望和苦闷中死去，他的一生仿佛一直在流放的途中，是整个流放的缩影。

德韦特

　　这场战争的故事不管说得多么简短，有一个人的名字是无法被忽略的。这个人不仅是优秀的布尔将领，也是在战争中军事天赋极高，且最具浪漫主义色彩的人——德韦特。他在战争中的表现，让战争甚至在失败已经无法挽回时，依然延长了时间，而且延长了三年，因此，这场战争也叫作"三年战争"。

　　当我们真正了解了德韦特的个性时，可能才会明白，对于德韦特而言，"他最高的英雄功绩，并不是来自战场"这句话吧！

第十五章

维多利亚女王之死

　　罗伯茨公爵回国以后,维多利亚女王迫不及待地接见了他。此后,不到三周的时间,英国最受爱戴的女王便身患疾病,于1901年1月22日离开了人世。

　　很快,女王的儿子阿尔伯特·爱德华(爱德华七世)继位为英国国王,也就是大不列颠及爱尔兰联合国王。

　　君主的更迭并没有改变英国发展的进程。国王庄重而严肃地承担起了作为继任者的职责,英国似乎获得了安全感。1902年5月,第二次布尔战争结束后的和平大会上,英国和南非签订合约,而合约上的署名不再是维多利亚女王,而是爱德华国王。

　　国王爱德华七世正在考虑两项非常重要的举措,其中一项是解决爱尔兰的土地问题,这个问题多年来一直是英国的噩梦。更多的细节,将在"爱尔兰简史"中详细说明。

　　爱德华七世断位后,力图使不信奉国教的基督教徒、天主教徒和英格兰教会成员一律接受教育,无论他们在学校里接受的是否有宗教教育,宗教教育的本质如何,对其有何种限制。

　　1832年以来,英国已经完成了大量的议会改革。保守党和上议院常常阻挠自由党变革，自由党的提议总是频频受挫，这一切仿佛就在昨天。如今，人们都意识到了君主政体的危险性。下议院成了英国真正的权力机构，也成了代表人们意志的出口。

我们总是想当然地认为，美国是世界上最具自由的国家，然而事实并非如此，比起美国，英国政府了解人民意志的途径更多，且更快，并且能够快速地实施人民的意志。

英国国王的权力比不上美国总统，美国总统可以制定明确的法令，并自由挑选政府部门来实施政策，从某种程度上说，美国总统在四年的任期内，完全可以不管人民的喜恶而按照自己的意愿行事。但英国国王没有这种权力。政府部门不可能实施未经议院批准的法案。安妮女王以来，国王没有拒绝签署过议会的提案。只有乔治国王、威廉四世解散过议会，自主行使权力。然而，维多利亚女王执政以后，就有了不成文的法令禁止王权，而这也结束了最后一个政府的统治。英国人民终于等到了一个心心念念的结果。

英国之所以能够稳步向前，走向成熟，是因为其稳健的势力，如一粒小小的种子在土中萌发，逐渐成长为一朵娇艳的鲜花。英国与法国不一样，其自由就像是一颗种子，虽会遇到艰险，但也会等待时机，含苞待放。即使有些种子未绽放，我们也会一直关注，关注这颗经历十四个世纪以来的种子。这个世界上最务实的国家一直在苦苦追寻的最高理想——实现全民自由。

爱尔兰简史 〉〉〉

早期的爱尔兰

　　古老的编年史告诉我们，爱尔兰人是欧洲最古老的民族。他们早在古埃及、特洛伊、古希腊和古罗马时代，就已经出现了，甚至还能追溯至诺亚和大洪水时期。传说中遭到诺亚拒绝没能登上诺亚方舟躲避洪水的那位女士是谁？传说中的爱尔兰部落酋长，来自东方的殖民者尼美德是谁？据说，他的后裔有一百一十八位都是国王。还有来自希纳尔（Shinar）地区的迈尔斯（Milesius）又是谁？据说，他是上帝指派的王，带着妻子思各塔（埃及法老之女）和儿子盖尔（Gael）来到爱尔兰，他们的另一个儿子赫柏（Heber），是阻止亵渎神灵从而修建巴别塔的人，所以将其附近居住的人称为"希伯来人"（Hebrew）。这些神秘的人物为什么能够在历史的迷雾中永垂不朽，为世人所纪念呢？——斯科舍、苏格兰、盖尔（包括了爱尔兰和苏格兰地区），都是取自这些伟大人物的名字。就连"芬尼亚"这个词也有着与众不同的内涵，因为古塞西亚（Scythian）国王菲尼斯（Fenius）创建了世界上第一所大学——语言学校，设立七十二种不同的新语言，并推举七十二位贤人作为新颖而难以掌握的语言的代表！传说，迈尔斯的儿子赫柏和赫里盟（Heremon）将爱尔兰岛一分为二，赫柏效法罗穆卢斯

（Romulus），将赫里盟驱逐到了皮克特人的地盘上，此后，赫柏独自统治着爱尔兰地区的苏格兰人。

事实的确如此，在很久以前，古希腊人就称爱尔兰为爱尔尼①（Ierne），后来，罗马人将其称为希伯尼亚（Hibernia）。此外，爱尔兰似乎在很久以前就受希腊和其他东方民族的殖民统治，这些殖民者给生活在此的凯尔特人造成了很大的影响。但是，这种影响更多的是精神层面而非生活层面，因为爱尔兰除保留了希腊等民族的语言和梦想外，没有希腊和其他民族文明的遗迹。唯一的遗迹巨石阵，是督伊德教②的祭祀场所，还有不知为何建造的神秘的圆塔。

从爱尔兰人原始的社会结构和法律制度，我们可以推测出，爱尔兰人是雅利安人的后裔。在他们的社会结构中，家庭是社会最基本的单位，众多小家庭组成一个大家族或部落。信奉基督教之前，爱尔兰地区有五大部落：明斯特（Munster）、康诺特（Connaught）、阿尔斯特（Ulster）、伦斯特（Leinster）和米斯（Meath）。每个部落都由一位首领统领，五大部落的五个首领之中，地位最高的则是居住于塔拉（Tara）地区的米斯首领阿特里奇（ArdReagh），其他四个部落都要效忠于他。但是，地位最高的首领不能干涉其他部落的内政，这也就埋下了地位最高的首领与四个家族之间矛盾的根源。部落外的地方是敌人的地盘。人们靠着烧杀掳掠维持生计，他们心目中最伟大的英雄，就是烧杀掳掠之时，最为勇往直前、无所畏惧之人。

---

① 爱尔尼，后逐渐演化为"艾琳"。——译者注
② 督伊德教，指古代英国、爱尔兰等地区凯尔特人的一种宗教。——译者注

所有人都必须遵从法律，而法律则由世袭的，且被称为"布里恩"（Brehons）的法官制定。所有的犯罪行为都需要接受缴纳罚金的惩罚制度。各个部落拥有土地所有权。当时没有所谓的"长子继承制"，首领的位置只能由部落成员决定，且部落内的任何成员都有机会成为下一任首领。这一条法规在当时被称为"布里恩法律"，并被认定为"继承法"，这与爱尔兰后来的历史紧密相关。但是，比首领或国王更尊贵的阶级是游吟诗人。虽然他们只是诗人或歌手，但据说他们受神的指示，用歌声传递神的话语，所以法官和首领在他们面前都是毕恭毕敬的。

从奥古斯丁到英格兰大征服

罗马人占领不列颠期间，不列颠被基督教化，而当时信奉异教的爱尔兰，虽邻近不列颠，却没有受其影响。然而公元432年，从不列颠重新信奉异教开始，圣帕特里克[①]就踏上了暗无天日的爱尔兰岛。如果说基督教的圣灵降临节（Pentecostal）的圣火照亮过爱尔兰的话，那应该是圣帕特里克踏上爱尔兰之后的六十年内，他使得信奉异教的爱尔兰人，转而信奉基督教，并且让爱尔兰成了智慧和精神的领头人与哺育者。当哥特式黑暗笼罩欧洲时，文明的中心似乎从罗马转移到了爱尔兰。爱尔兰的传教士走遍了英国、德国和高卢地区，他们的追随者遍布全球，包括查理曼地区和其他地区，

---

① 圣帕特里克，生活于5世纪，热衷于传播基督教，后成为爱尔兰圣人。——译者注

大批大批的教徒们走进石砌的教堂，教堂的遗址至今仍然遍布爱尔兰海岸。当时，爱尔兰是整个欧洲的文明中心。直到9世纪晚期，爱尔兰在欧洲历史上的作用才显现了出来。罗马人开始嫉妒爱尔兰这些非常有激情的基督徒，他们不会受罗马教会的限制，也毫不在意教皇的想法。对于发型以及庆祝复活节的时间，他们都有自己独特的规定，然而，这在罗马天主教徒眼里可谓是异端。于是，罗马天主教和西方基督教陷入了一场漫长的斗争之中。与此同时，伴随精神诞生的文化与艺术受到了人们的热爱，迎来了发展的黄金时代。然而，普通民众的生活并没有得到改善，抄录弥撒书、学习古希腊诗歌和哲学等，除了是学者的资料，还是对旧时文化的缅怀与致敬。但是，基督徒们同以往一样相互斗争，生活也和往常一样，乱作一团。

8世纪时，第一批维京人入侵了爱尔兰地区。正是从那个时候开始，爱尔兰人开始有了主人翁精神，奥布赖恩（O'Brien）家族的成员——布莱恩·博茹（Brian Boru）成了爱尔兰国王。他将侵略者丹麦人赶出了爱尔兰，并篡夺了酋长之位。但是入主塔拉王宫后没过几年，他就死了，而他的土地也陷入了家族纷争中。后来，伦斯特（Leinster）国王德莫特（Dermot）发动了一场毁灭性的战争，致使爱尔兰落入了英格兰手中。同特洛伊战争[①]一样，德莫特发动的这场战争也有自己的帕里斯与海伦。如果凶悍的老国王德莫特没有爱上布雷夫尼（Brefney）公爵的妻子，并把她掳走，那么，历史可能会被改写。伤痛欲绝的布雷夫尼公爵向情敌德莫特

---

① 特洛伊战争，据传，特洛伊王子帕里斯爱上了斯巴达国王墨涅拉俄斯的王妃海伦，并将其带回特洛伊，由此引发了特洛伊战争。——译者注

宣战，战争十分激烈，德莫特不得不请求英格兰国王亨利二世出手相助——条件是，伦斯特家族臣服于英格兰国王。于是，由"强弩手"彭布罗克伯爵理查德·吉尔伯特领导的一群爱冒险的爵士，帮助德莫特击败了布雷夫尼公爵，并将维京残余势力逐出了都柏林，而都柏林这座城市则落入了英格兰手中。亨利二世则亲自率领一支全副武装的军队，在未得到授权的情况下，于1171年登陆了爱尔兰海岸。

从亨利二世到伊丽莎白一世

很快，英格兰便完成了对爱尔兰的征服。亨利二世开始规划他的新领地，将其设立为多个郡县，并在都柏林设立法院，代表和传达自己的意志。英格兰的法律体系是为诺曼贵族和英格兰定居者制定的，而爱尔兰当地人可以沿用之前的"布里恩法律"体系。亨利赐予他的英格兰贵族们大量土地，并且规定他们拥有土地所有权。随后，亨利便回了英格兰，留下贵族们自己建设自己的领地，并且解决与当地人的纷争，以及与爱尔兰各部落酋长们达成和解。双方时常因为领土所有权问题而陷入唇枪舌剑之中，布里恩法律体系与英格兰法律体系之间也是冲突不断，直到现在都没有停止。亨利原本想同化爱尔兰人，却万万没有想到，诺曼–英格兰人反而逐渐被爱尔兰人同化，他们身上融合了两个民族的特点。古爱尔兰人和盎格鲁–爱尔兰人无论以前如何对立，彼此仇视，但是一旦有紧急情况，他们还是会选择团结在一起。

如果一场风暴只有一个中心，那这样的风暴很好解决。但若是一场风暴有多个中心，那该如何解决呢？爱尔兰各部落酋长自相残杀，诺曼贵族们尔虞我诈，相互争夺财产，还有爱尔兰的奥奈尔（O'Neills）、奥康奈尔（O'Connells）和奥勃良家族常常为了争夺领地而战争不断，然而，为了保护爱尔兰，所有人都做好了放手一搏，殊死决战的准备。在这动荡的局势之中，拥有土地的贵族们构成了社会的各个阶层。亨利二世赐予他们土地与特权之后，实际上就是默许了许多公国（Palatinates）的形成。这些土地的拥有者——英格兰贵族们，则被称作公爵或侯爵，他们在自己的领地内权力很大，实际上就是领地内的国王，他们可以向相邻的公国发动战争，从自己的民众中挑选男子组建军队。在众多公国之中，杰拉德（Geraldines）家族、基尔代尔（Kildare）家族和杰斯蒙德（Desmond）家族都是这个诺曼贵族著名的分支，且都是英格兰王室的拥护者，但他们有一个宿敌——奥斯蒙德（Ormond）家族，他是爱尔兰第二支最强势的盎格鲁-诺曼王室，其先祖为托马斯·贝克特（Thomas à Becket）。英格兰的这些公爵们代表的自然是国王的意志。然而，杰拉德家族似乎有足够的时间来建立自己的小金库，他们与爱尔兰本地人交好，甚至与酋长联姻，一来有助于积累财富，二来可以和爱尔兰人更好的融合。

但是，我们关注的重点不是这些颇具浪漫色彩，且理所当然地将爱尔兰视作自己合法猎物的"强盗"，而是那些可怜的爱尔兰本地人，他们失去了原本美好的家园，被迫躲藏于森林和沼泽之中。不仅如此，英格兰政府甚至制定政策，想让爱尔兰的历史从此消失。笔者描述的是爱尔兰被迫臣服于英格兰的历史，而不是获得爱尔兰人忠心的历史！在这个世界上，没有哪个民族比爱尔兰人崇尚良善，没有哪个民族比爱尔兰人更因个人魅力而受影响，爱尔兰人对国家的忠诚，也没有哪个民族能与之相比。如果当时英格兰对爱尔兰使用的是柔和政策，而不是武装侵略、残忍迫害爱尔兰，那现在又会是怎样的局面呢？这个问题的答案，我们也只能自己猜测了。但是，我们都清楚在伤口上撒盐会导致的严重后果。英格兰入侵了爱尔兰，不仅将本地人视为不合法的居民，甚至企图将爱尔兰历史抹去，这会造成怎样的局面，可谓不言而喻。

爱德华三世征召身强体壮的年轻爱尔兰男子入伍，派他们去法国参与克雷西战役，而爱尔兰士兵不负众望赢得了胜利。而且，听从爱德华三世的爱尔兰议会通过了《基尔肯尼法案》（1366年）。该法案中有这样的规定：爱尔兰人不得与英格兰人通婚，否则将被处以死刑；英格兰人不得以任何形式给予爱尔兰人马匹、货物或武器，否则便被视作叛国；英格兰人与爱尔兰人发生争执，须由英格兰人裁决；英格兰人说爱尔兰语乃是犯罪；英格兰人杀害爱尔兰人不属于犯罪。

尽管统治手段阴险，但英格兰却逐渐放松了对爱尔兰的控制。因为它还有几场大战等着处理，还有更高的利益要去追求！于是，爱尔兰的事务都交由杰拉德家族和爱尔兰议会管理，而这些权力的中心则牢牢地掌握在"佩尔爵士"手中。之前，爱尔兰和英格兰两族通婚，会受到残忍的惩罚，如今，两族通婚变得日益频繁起来。就连落魄的奥奈尔家族，都收回了自己的土地。因此，到了亨利七世时代，虽然诺曼王朝的旗帜在爱尔兰的土地上已经飘扬了三百多年，但真正受英格兰控制的领土却只剩都柏林周围的一小块区域。

亨利七世意识到了问题的严重性，于是下定决心改变这一切。他任命爱德华·波伊宁斯（Edward Poyings）为爱尔兰总督，议会通过了《波伊宁斯法案》，使得英格兰法律能在爱尔兰有效的实施。亨利八世继位英格兰国王以后，精明的首相沃尔西很快就对杰拉德家族的忠诚度产生了怀疑。沃尔西认为，如果盎格鲁-爱尔兰人在《基尔肯尼法案》和《波伊宁斯法案》的基础上不作为，那么大费周章设立这些法案是没有任何用处的。沃尔西决定推翻杰拉德家族。基尔代尔公爵被召至伦敦，相关的六个家族首领一律被斩于伦敦塔。如此，爱尔兰的苦难又多了一重。亨利八世对爱尔兰天主教的压迫，使得爱尔兰当地人与盎格鲁-爱尔兰人团结了起来。在此之前，爱尔兰地区的斗争均是由于对土地的争夺，但此时，面对教会危机，他们选择了团结一致。1560年，伊丽莎白女王通过了著名的《统一法令》，规定使用新教徒的礼拜仪式，这引起了民众的不满和对之前错误政策的愤怒。爱尔兰人想复仇的欲望变得更加迫切了。阿尔斯特地区的奥奈尔家族，率先起了带头作用，他们抵制一切与英格兰有关的东西，就连亨利八世赐予的"泰伦伯爵"头衔也被丢弃。随即，他们宣布，根据爱尔兰古老的继承法，谢恩·奥奈尔应为阿尔斯特国王！这是爱尔兰和英格兰法律哪个更为有效的验证途径。在伊丽莎白女王的邀请下，阿尔斯特国王谢恩一行人来到英格兰，他们身着藏红花色衬衫，手持武器。睿智的女王与她的对手和睦相处，但数周以后，便将阿尔斯特国王的头颅挂在了都柏林城堡的高墙之上！此后，英格兰和苏格兰移民不断涌入阿尔斯特地区，而奥奈尔家族则不断地残害这些移民。女王觉得，唯一的解决办法，就是铲除奥奈尔家族。后来，女王甚至想消灭所有的爱尔兰人，但是杰拉德家族的人还是没有完全被赶尽杀绝，他们形成了"杰拉德联盟"，继而引发了德斯蒙德叛乱。杰拉德联盟的信仰是天主教，他们的目的是报复英格兰这多年来的残酷统治。而且，杰拉德家族的德斯蒙德伯爵一直与罗马和西班牙保持着联络，希望能够得到他们对爱尔兰天主教的同情和支持。后来发生了一件事，导致爱尔兰人决定抗争到底，即使会失败。当时，在弗朗西斯·克罗斯比爵士（Sir Francis Crosby）的提议下，康诺特省各个酋长及其亲属参加了一场四百人的宴会，地点在穆拉马斯特要塞。在这场宴会中，英格兰人残忍地杀害了所有赴宴的人士。仅奥摩尔家族就有一百八十名成员遇害，而唯一的幸存者罗里·奥摩尔（RoryO'Moore）因为没有参加宴会，逃过了一劫。多年以后，他仍然记得这一惨绝人寰的事件，因此，他开始呼吁和倡导："勿忘穆拉马斯特！"终于，革命爆发了，杰拉德家族首当其冲。然而，他们失败了。又一位基尔代尔公爵被处以死刑，又一位德斯蒙德伯爵的头颅被挂到了爱尔兰的城墙之上，以此警告想背叛英格兰的人！那些躲过了大屠杀的人，后来都死在了断头台上，而既躲过了大屠杀，又躲过了死刑的人，却在大饥荒中被活活饿死。就这样，这场起义结束了，明斯特地区"重归平静"。德斯蒙德家族疆域辽阔，一百英里的土地被英格兰政府无情地没收，并且住满了从英格兰移居过来的人，他们将会在这里定居下来。

不久，阿尔斯特地区爆发了一场革命——曾经与西班牙联盟叛乱的泰伦伯爵被砍了头。女王派埃瑟克斯公爵去镇压这场起义，但是失败了，因为在叛军将要投降的千钧一发之际，埃瑟克斯公爵却忽然停战，这让伊丽莎白女王十分恼怒，她调埃塞克斯公爵回英格兰，并处死了他。另一位更有能力的人——芒乔伊前去镇压叛乱，他骁勇善战，没有辜负女王的期待，很快就成功镇压了叛乱。叛乱领袖被流放，六个郡县被没收，那里住满了苏格兰人，而阿尔斯特地区也"重归平静"了。

查理一世上台后，爱尔兰看到了一丝希望。因为查理一世需要筹钱，于是便派斯特拉福德伯爵来到爱尔兰，并做出承诺恢复宗教自由和公民自由的政策，而且纠正了之前的错误。为了表示感激，爱尔兰议会筹集了十万英镑，以及召集了一万士兵和一千战马赠予查理一世，用以应付一场即将到来的战争。不久，查理一世和劳德大主教试图让苏格兰人信奉英国国教，于是新的战争开始了。一直以来，爱尔兰本地人与苏格兰移民之间的冲突从未达成过和解，这也使得爱尔兰天主教徒与苏格兰长老会教徒之间矛盾不断。因此，现在的爱尔兰与英格兰是属于同一个阵营的，他们有着共同的敌人。爱尔兰似乎看到了胜利的曙光，并且"佩尔爵士"们向查理一世表明，愿意配合国王对抗苏格兰。面对爱尔兰的示好，查理一世决定对抗苏格兰，可是这样一来就需要大笔资金，于是，查理一世召开了议会（1641年），即著名的长期议会，这个议会使得英格兰经历了二十年的风雨动荡。

如果爱尔兰人在回首过去的时候，没有1641年这段恐怖的历史，那么他们会是怎样的呢？这段历史简单来讲，就是一群失望而愤怒，且全副武装的爱尔兰士兵为了泄愤，残忍地屠杀了居住在阿马郡（Armagh）和泰伦郡（Tyrone）的大量苏格兰人和移民。

我们不敢相信，这场惨案是预谋已久的。然而，它还真实地发生了，其手段残忍，简直是令人发指。无论如何，都没有理由可以为这样残忍的大屠杀辩解。但是，如果这场惨案的发生没有任何背景，而是毫无理由的话，那可就是史上更恐怖、更黑暗的时代了。后来，又发生了很多为了复仇的屠杀。新教徒对爱尔兰天主教徒的迫害，同爱尔兰天主教徒对新教徒的迫害一样丑恶。未完全文明化的爱尔兰人选择以其人之道还治其人之身来对付压迫者，这难道很诧异吗？他们还有其他的选择吗？尤其我们了解到，泰伦和阿马的苏格兰长老会教徒为了所谓的报仇雪恨，残忍地杀害了与屠杀没有任何关系的三十户天主教家庭。

从伊丽莎白一世到威廉三世和玛丽二世

　　长期议会成立之后，斯特拉福德伯爵被送上了断头台；不久，大主教劳德也步了他的后尘；1649年，查理一世也被处死了，这样一来，英格兰追求自由的梦想也就破灭了。克伦威尔一上台，便把焦点放在了处理爱尔兰天主教的问题上，这么多年来，这群天主教徒一直和查理一世有所勾结，如今，他们还和罗马教廷使者串通一气，甚至想帮流亡的查理王子夺回英格兰王位。

　　克伦威尔为了惩罚爱尔兰人，或者说，为惩罚爱尔兰人做准备，他花费了六年的时间，牺牲了六万人的生命，但这只是惩罚的开始，这样的惩罚历史上绝无仅有！克伦威尔的计划是这样的：1654年5月1日之前，爱尔兰所有本地人必须迁移至科纳特（Connaught）地区居住，那是香农（Shannon）地区和海洋之间一个荒无人烟的地带。曾参与此事的一位官员说道："在这个地方，既没有足够的木材来生火，也没有足够的水来解渴，更没有足够的土地来埋藏尸体。"他们不能走出河流两英里以外的区域，也不能离开海岸四英里以外，若是有人跨越了边界，就会被把守在那里的士兵击毙。如果未能在5月1日前进入科纳特，那就只能被杀死。抵抗是毫无用处的。当时，有人哭喊着请求宽限搬家的日期，希望能多带一些食物和生活用品。然而,时间一到,英格兰士兵拿着刺刀敦促着人们,这群可怜的人啊,只能匆忙涌向科纳特,无论是娇生惯养的贵族,还是柔弱无力的穷人,都遭遇了被流放的命运,并且没有食物来源。还有一些人的状况更是糟糕,妇女儿童、各行各业的人,都出于种种原因被甩在了后面,超出了规定期限。若要将这些人一一处决,几乎是不可能的,于是他们被大批大批的运送到西印度群岛或是英属殖民地牙买加岛,从此便销声匿迹了。他们中一些相对强健的人,有的逃了出来,有的躲在森林里靠打猎为生,他们东躲西藏,如同野狼一般生活在岩石的洞穴和夹缝中。英格兰政府则悬赏缉拿这些人。

无论是克伦威尔对爱尔兰人的惩罚,还是1641年发生在爱尔兰的大屠杀,都是人类历史上的滔天罪行。但相比之下,笔者认为,克伦威尔给爱尔兰这个民族带去了更为沉重的负担。因此,我们不会诧异爱尔兰人如此厌恶英格兰人,而英格兰政府想"管理"他们的难度,我们同样也不会诧异。

然而,一个民族的消亡是需要时间的,哪怕克伦威尔选择了残忍而有效的办法,他还是没有完全消灭爱尔兰人。1660年,查理二世登上了英格兰王位,爱尔兰人好像重新看到了希望。他们认为,自己在查理一世时期所承受的苦难,应该由他的儿子查理二世来补偿和救赎。曾经囚禁爱尔兰人的科纳特,克伦威尔赏赐给了他的部下。但是,时代和潮流变了,爱尔兰人帮助查理二世登上了王位,他们期待得到奖赏而不是惩罚。和许多成功的候选人一样,查理二世因不想承担对盟友的契约而感到烦恼。自1641年大屠杀以来,人们对天主教就十分反感,查理二世不能冒犯了这种反天主教的情绪。关于土地的所有权问题,最终有了定论:如果爱尔兰人能够洗清自己勾结罗马教廷使者的嫌疑，也没有参与任何反叛活动（事实上大部分人都参与其中），那他们就可以收回自己的土地。因此，一小部分土地回到了爱尔兰人手上，而虔诚的新教徒奥蒙德公爵，成了爱尔兰总督。

虽然查理二世名义上是一位新教徒，但是对他而言，宗教实在算不上什么大不了的事。因此，他对爱尔兰的政策也变得宽松，爱尔兰天主教徒们的境况有所好转。英格兰和爱尔兰的新教徒也都提高了警惕，想起之前残酷的大屠杀，他们认为，要想保证新教徒的安全，只有让爱尔兰天主教徒失去最后一丝希望。于是，新教徒心中郁积已久的怒火即将爆发，只需要小小的火星就能将其点燃。地方法官爱德华·贝里·戈弗雷（Edward Bery Godfrey）爵士被杀，成了整个事件爆发的导火索。整个英格兰最无用的流氓提多·盖茨（Titus Gates）告诉戈弗雷爵士，天主教正在秘密谋划刺杀国王查理二世，将其弟弟推上王位。随后，戈弗雷告诉了国王，天主教徒遭到了大肆屠杀，伦敦城也被烧毁。糟糕的是，法国人此时入侵了爱尔兰，这使得国王认为天主教与法国是合谋的。当人们在山脚下发现戈弗雷爵士的尸体时，所有人都丧失了理智。一场惨绝人寰的狂欢就此拉开了序幕，仿佛除了杀戮，没有什么能够平息他们心中的怒火。天主教大主教普伦基特博士（Dr.Plunkett）是一位德高望重的人，无论是新教徒还是天主教徒都十分爱戴他。然而，为了一件与天主教无关的事情，他被指控参与法国阴谋而不得不到伦敦接受审判，最终上了绞刑架。许许多多无辜的受害者被迫远离家乡，十五个人被送上了绞刑架，两千人沦为了阶下囚。提多·盖茨则被视为英雄，得到了白厅里的一套公寓，并且获得了一年六百英镑的酬劳。两年后，盖茨因为称查理二世的继承人为"叛国者"，而被逐出了白厅,其罪名是"叛国",他被施以颈手枷刑、鞭刑,并被终生囚禁。1678年,被称为"天主教阴谋"的这一事件,落下了帷幕。

1685年,查理二世去世,他的弟弟詹姆斯二世继承了王位。詹姆斯二世的统治对英格兰来说,简直是一场灾难,但也因此给信仰天主教的爱尔兰一个喘息的机会。对詹姆斯二世来说,爱尔兰是他将英格兰国教转变为天主教的最佳助力,也是他实施这一政策的主力军。信仰新教的奥蒙德公爵被废黜了,取代他成为爱尔兰总督的是一位天主教徒。终于,爱尔兰翻身的机会来了,他们要抓住这个机会。爱尔兰议会重新组建,最终只有六个新教徒成为议员,他们多年的梦想终于实现了。

《波伊宁斯法案》被废除了,曾经举步维艰的爱尔兰人如今得到了补偿。之前因《定居法案》没收爱尔兰人的土地,如今也重回了爱尔兰人手中。所有的新教徒不得不缴械投降,否则就会面临极为严酷的惩罚。那些本来明码标价被人追杀的人,如今在国王手下谋得了一席之地,并率兵进驻了新教徒的领地。大量的新教徒逃离了爱尔兰,有的逃回了英格兰,有的则逃往北方,最后在恩尼斯基林①和伦敦德里②定居下来,后因伦敦德里被困一百零五天,他们英勇坚守而使得这座城市被人所铭记。与此同时,英格兰人民开始意识到,想国泰民安,就必须驱逐詹姆斯二世。于是,他的女婿奥兰治威廉王子与妻子玛丽接受了议会的邀请,前往英格兰继承王位。詹姆斯二世则逃亡法国,与法国国王路易十四联盟,并在爱尔兰发

---

① 恩尼斯基林,北爱尔兰的一座城市。——译者注
② 伦敦德里,北爱尔兰西北部的城市。——译者注

动了多场叛乱，意图借此夺回英格兰。

然而，王朝的颠覆和社会的动乱，正中了爱尔兰天主教徒的下怀，他们重新成为独立国家的愿望就要实现了，而信仰天主教的詹姆斯二世就是他们的国王。

詹姆斯二世带着军舰和法国士兵，以及路易十四提供的军需物品登陆爱尔兰时，爱尔兰人热切地欢迎他。他们的救世主来了！詹姆斯二世穿过凯旋门，走在铺满鲜花的大道上，成功进入了都柏林城堡。然而，道路上的鲜花还没有枯萎，博因河战役就把詹姆斯二世打回了原形，他不得不落荒而逃，回了法国。

从威廉三世到《联合法案》

新教徒在北方的根据地只剩下伦敦德里城，而南部的利默里克城则成了天主教徒最后的根据地。这两个城市的名字，虽代表了两个敌对的团体，但同样也代表了勇气和英雄主义。

詹姆斯二世战败逃亡以后，威廉的军队在金克尔（Ginkel）将军的带领下围剿利默里克城，爱尔兰的鲁肯公爵帕特里克·萨斯菲尔德（Saarsfield）坚守阵地，是这场战役中最大的一个亮点。即使如此，利默里克城最终还是失守了。萨斯菲尔德公爵与英格兰金克尔将军签订协议，即著名的《利默里克条约》，这也标志着双方混战的结束。爱尔兰的救世主再次成了流亡者，并且爱尔兰还要面临英格兰国王威廉的惩罚。但因为萨斯菲尔德的英勇，《利默里克条约》的条件比较宽容，爱尔兰天主教徒还获得了查理二世统治时期才有的权益,而士兵和军官则被流放他国,有的去往英格兰选择为国王威廉服务,有的则去往法国、西班牙或其他欧洲国家服务。令人悲痛的战争结束了,妻子和母亲们绝望地站在即将驶离爱尔兰的军舰上,1690年的大革命就这样落下了帷幕。

当然,《波伊宁斯法案》重新恢复,而爱尔兰最近制定的法律则被一一废除,人们有了一个新的生活,爱尔兰亦重归安宁。但是,这种安宁并非如墓地般的死寂,受伤的人逐渐恢复了活力,疲惫的人也有了喘息。此后整整一个世纪,我们再没有听说任何的革命、叛乱和起义。爱尔兰有能力反抗的人都去了国外战场,国内只剩下一群手无缚鸡之力的妇孺,她们早已失去了斗争精神,失去了希望,只能可悲地保持着沉默,默默地等待。威廉还在这里颁布了一系列残暴的法令,如《刑法典》,这些法令不同以往的法令般残忍血腥,但亦能摧毁爱尔兰人的雄心壮志和自尊,让爱尔兰民族边缘化。

下面列举一些出自著名的,或是臭名昭著的《刑法典》中的条款:天主教徒无法获赠或自由支配财产;天主教徒名下的马匹价值不能超过五英镑;新教徒向天主教徒购买马匹的价格,必须由新教徒决定;天主教徒不得学习某一项专业技能;天主教徒不能在学校教书,也不能将自己的孩子送至学校或送出国读书;每个律师或牧师都必须庄严宣誓,不以任何方式引诱非天主教徒加入天主教;天主教徒不得私藏武器,否则会被处以罚款、鞭刑、颈手枷刑乃至入狱等;天主教徒不得继承新教徒的遗产,不得以礼物的形式接受新教徒的财产;天主教徒的长子若皈依新教,则可获得父亲大部分的财产。其他接受了新教的孩子则要被迫离开父亲,但他们也可获得一部分财产,而且妻子若是放弃了天主教的信仰,就有权与丈夫离婚，并分得丈夫的一部分财产。

这些条款导致很多天主教徒为了家人不被饿死，不得不假装皈依天主教。当索蒙德老夫人公开表明自己信仰新教时，她被人谴责出卖了自己的灵魂，但她很快反驳道："比起让索蒙德家族的人都饿死，我一个老妇人被烧死岂不更好？"

大法官鲍斯（Bowes）和审判长罗宾逊（Robinson）认为，"法律禁止爱尔兰出现天主教徒"，英格兰大主教米斯郡在讲道坛上也说："我们没必要忠于天主教。"我们必须铭记，在这个可怕、堕落的制度下，受迫害的人不在少数，他们的幸福与安宁应该受到严肃考虑。原本他们是一个人口庞大的群体，居住在自己的国家，拥有自己的议会，可现在连议会也被一小部分外国人牢牢控制着。

在这个"新教统治"的时代，议会成员当然只有新教徒。他们拥有绝对的权威和投票权，他们属于上层阶级，而爱尔兰天主教徒无论等级多高，其地位总是低于新教徒。但是，不要以为爱尔兰新教徒就有多快活。对英格兰政府来说，爱尔兰新教徒只是抵御爱尔兰本地人的一个防浪堤，英格兰是不会允许他们发展壮大的。英格兰对爱尔兰实行的政策就是想让爱尔兰人失去希望。为了达到这个目的，爱尔兰就必须处于贫穷落后的状态中。查理二世统治时期，英格兰禁止向爱尔兰进口牛肉。一开始，这项禁令对爱尔兰造成了极大的影响，不过后来，爱尔兰人发现，羊出口到欧洲的利润比牛的多，因此也就对这项禁令不在意了。随着欧洲各国对羊毛物品的需求量越来越大，许多外国商人纷纷进入爱尔兰建造羊毛工厂，这也为成千上万的爱尔兰人提供了工作岗位。

看到爱尔兰建立起了一个如此繁荣的产业，英格兰政府十分焦虑，商人们更是纷纷要求政府采取保护措施，以此对抗与爱尔兰激烈的贸易竞争。1699年，英格兰政府颁布法令，禁止爱尔兰羊毛制品出口英格兰和其他国家。羊毛工厂纷纷关门，商人们也离开了爱尔兰，所有人都失业了。随后，爱尔兰人开始逃离即将来临大饥荒的爱尔兰。

在爱尔兰国内，由于羊毛失去了市场，其价格仅为五便士，而在法国的价格却高达好几倍。于是，爱尔兰狭长、锯齿状的海岸线成了走私的绝佳之地，法国船只纷纷停留此地等待时机，购买羊毛。爱尔兰人本就因失业而食不果腹，饥荒的爆发更是让他们为了饱腹不得不违反法律。他们在海岸边的洞穴里私藏羊毛，曾经合法的交易方式，如今已是不可能了。在这种情况下，他们做出走私的选择，难道还会有人觉得奇怪吗？

因此，任何人想在爱尔兰建立可盈利的企业，都是不可能的。英格兰派去爱尔兰的殖民者渐渐发现，自己本想在这里发财，但现在这里已无利可图，甚至有可能还会被毁掉。爱尔兰人的爱国热情已经消失，有些人甚至产生了怨恨。我们听不到爱尔兰本地人的心声和意愿，因为爱尔兰新教徒被禁止加入议会，这也就使得英格兰新教徒与爱尔兰新教徒之间频发冲突，有些人听从英格兰政府的安排，有些人则违抗政府的意愿。这种情况一直持续到了18世纪中叶才有所改善。一小部分上层阶级人士，主要是英格兰人，不满英格兰的统治，还有下层农民阶级，他们被这个社会折磨得麻木无力，引导他们反抗的是两股力量——对宗教的热爱和对英格兰的憎恨。

最早发声支持爱尔兰追求宪法所赋予的权利的是威廉·莫利纽兹（William Molyneux），他是爱尔兰学者和哲学家，也是英国哲学家约翰·洛克（John Locke）的密友。17世纪后半叶，莫利纽兹发行了一本小册子，以平和的文字呼吁人们注意，五百年前英格兰赋予爱尔兰的法律和自由，如今遭到了破坏，因为神圣不可侵犯的爱尔兰议会，早已被英格兰人剥夺。虽然莫利纽兹所陈述的是一个众所周知的事实，却激起了一场风暴。他提出了宪法所赋予爱尔兰的权利！这个人是疯了吗？议会认为这本小册子满口胡言、扰乱治安，随后就被刽子手般的议员撕毁。主教乔纳森·斯威夫特①虽有一半英格兰血统，但他更同情爱尔兰，他是一位虔诚的高教会派教徒，也是一位激进的天主教反对者，而且他还出版了一本颇具讽刺意味的小册子——《野人刍议》。在文中，他建议道，爱尔兰农民可以用自己的孩子去交换食物，而且要将最好的孩子留给地主，因为这些地主已经吞没了他们父亲的土地，所以他们的孩子理应有权使用土地。斯威夫特的小册子更具刺激性，因为他本人可不是什么爱尔兰爱国主义者，而是英格兰保守党人（托利党人）。斯威夫特并不关心处于水深火热之中的爱尔兰人民，不过，他痛恨暴政和非正义行为，在都柏林圣帕特里克大教堂担任主教期间，他对亲身目睹的都柏林的惨状极为愤怒。于是，他用辛辣讽刺的言语，激烈地抨击了英格兰政府，这比起相对温和的莫利纽兹的文字有力度多了。

所以，寂静被打破了，议会中出现了一个小的爱国团体，他们在亨利·弗鲁德②的领导下，于1760年在基尔肯尼开始反抗。经过漫漫长夜后，爱尔兰最终迎来黎明的曙光。1775年，爱尔兰爱国党

---

① 乔纳森·斯威夫特，英国作家，讽刺文学大师，以著名的《格列佛游记》《一只桶的故事》等作品闻名于世。——译者注
② 亨利·弗鲁德，爱尔兰政治家。——译者注

领袖、弗鲁德的朋友亨利·格拉顿[1]加入了弗鲁德的阵营后,这场革命达到了高潮。除埃德蒙·伯克[2]之外,格拉顿是爱尔兰最伟大的人物。在北美殖民地尝试摆脱英国束缚的关键时期,爱尔兰能有这样一个伟大的领导者,真是十分幸运。然而,比起爱尔兰殖民地遭遇的英国迫害,北美殖民地所遭遇的根本算不了什么。如果说爱尔兰一定有必要摆脱英格兰的束缚,那么现在就是最好的时机,因为此时的英格兰正被大洋彼岸的北美殖民地搞得焦头烂额。支持北美殖民地独立的呼声和论据同样适用于爱尔兰。在这关键时刻,正是格拉顿领导了爱尔兰独立起义。他是一个新教徒,但他对天主教很崇拜;他是一个坚定的爱国主义者,却也推崇英国政府的政策。他毫不动摇地反对新教统治爱尔兰,反对排斥天主教,也反对任何的暴力行为,他下定决心要改变这种局面——但是,他只想通过宪法来让爱尔兰摆脱英格兰的束缚。北美殖民地的独立战争,更加激发了格拉顿内心的反抗,但为了遵守宪法的规定,他不得不将领导爱尔兰独立这项事业搁置一旁。事实上,他个人十分同情那些挣扎的北美殖民地人民,但他还是将人力、物力投资于英格兰政府用以与北美殖民地抗争。给予占大多数人口的天主教徒以平等的权利,会让他们变得更强。格拉顿虽然是一个新教徒,却积极倡导占人口五分之四的天主教徒获得自由。本着公正和无私,格拉顿从冲动的弗鲁德手中将爱尔兰这个错综复杂的网接了过来。他的能言善辩和行动让爱尔兰议会的独立和废除对爱尔兰贸易的限制这两个任务同时进行。

---

[1] 亨利·格拉顿,爱尔兰政治活动家,参加弗鲁德领导的爱尔兰民族运动,以善于演讲著称,后取代弗鲁德成为领导者。——译者注
[2] 埃德蒙·伯克,英国政治家,辉格党人。——译者注

自莫利纽兹温和的劝谏小册子发表以来，时代已经有了很多变化，格拉顿著名的《权利宣言》问世不久，就获得了十八个郡的支持。后来，越来越多的郡县开始追随格拉顿的脚步。1782年，爱尔兰下议院成员气势汹汹地来到总督面前请愿，要求恢复爱尔兰的贸易与生产自由。

一系列意想不到之事的发生给这次请愿带来了新的压力。英格兰政府开始意识到，要保护爱尔兰不被外族势力入侵，阻止其像北美殖民地那样发生独立的冲突。因此，英格兰政府决定招募一支由新教徒组成的民兵，并且在爱尔兰筹集所需的人力和财力，但是没有成功。爱尔兰如今手无寸铁，当美国海军将领约翰·保罗·琼斯①登陆贝尔法斯特及附近沿海地区时，爱尔兰陷入了恐慌中，但贝尔法斯特的公民开始自行组建军队来抵御入侵者，如此一来，得到了其他城镇的纷纷响应，很快就组建了一支六万人的军队。

看到爱尔兰人民如此迅速地组建军队，英格兰政府进退两难，因为它不可能阻止爱尔兰人拥有保卫自己祖国的权利。于是，英格兰政府将本属于新教徒的武器赠予爱尔兰。当下议院成员向爱尔兰总督请愿，并将其请愿书转达于国王时，议院身后站的可是六万武装士兵啊！

爱尔兰总督给英格兰政府写了一封信，声称，除非解除对爱尔兰的贸易限制，否则不会接受英格兰的任何条件。这时，英格兰首相诺斯公爵头疼的可不止一个殖民地的抗争，还有为了对付北美殖民地英王乔治三世所需要的六万士兵。于是，首相妥协了，爱尔兰

---

① 约翰·保罗·琼斯，美国军事家，被俄国沙皇叶卡捷琳娜二世任命为海军少将。——译者注

取得了首次胜利,并且很快又传来捷报。之后,北美殖民地也取得了独立。英格兰再也没有心情去对抗另外一个想独立的殖民地了。《波伊宁斯法案》再次被恢复了,这次是永久地恢复,爱尔兰议会成了独立自由的机构。虽然爱尔兰没有完全解放,但议会十分感激格拉顿所作的贡献,于是投票商议,最终决定赠予格拉顿十万英镑。

然而,这次立法层面的胜利,并没有改善人们的生活,因为它只是一颗孕育着未来繁荣的种子。人们原本对生活有了一丝希望,然而,他们发现自己并没有得到解放,只是日渐堕入穷困潦倒的无尽深渊中。这时,一个名为"白衣会"的组织出现了。它没有特定的宗教和政治目的,只是一群可怜人形成的联盟,他们对自由的渴望,使得他们愿意付出任何代价。与此同时,残酷的压迫所引发的怒火使爱尔兰北部的天主教徒与新教徒陷入了激烈的冲突之中。也是从这时候开始,奥兰治自由邦渐渐形成雏形。

这些小风暴很快聚集起来,形成了一个大风暴。1971年,"统一爱尔兰人联合会"在贝尔法斯特成立。这个爱国组织的建立,旨在破除人与人之间的细小差别,因此,任何爱尔兰人都可以加入这个组织。随着社会时局的变化,"统一爱尔兰人联合会"的特性发生了改变,组织成员变成了一群斗志昂扬的革命者,领袖也成了沃尔夫·托恩。他认为,既然宪法改革失败了,那就应该诉诸武力,他派遣代表去往巴黎,新生的法兰西共和国同意帮助托恩在爱尔兰建立共和政权。

1798年结束之际,爱尔兰又爆发了一场革命,但失败了。这是一场武力与武力的对决。沃尔夫·托恩和爱德华·菲茨杰拉德(杰拉德家族成员)因此殒命,他们亲手建立的王朝也分崩离析。弗鲁德和格拉顿则在这场战乱中选择了沉默。此时,距离人们当年维护宪法的胜利已过去了十八年。英格兰的立场十分坚定，皮特[1]一直都认为，废除爱尔兰议会，将爱尔兰与英格兰融合成为一个立法联盟是唯一的解决办法。作为交换条件，英格兰向爱尔兰承诺，全面保护新教徒的安全，而天主教徒也能够得到自由。然而，这项政策并没有实施，格拉顿竭尽全力反对英格兰的提议。随后，爱尔兰掀开了最为黑暗的一页篇章。

众所周知，为了安抚爱尔兰八十五个即将撤销的自治市镇的领主们，英格兰政府支付了大量的赔偿金。因为爱尔兰和英格兰将要合并——爵士贵族们也被分配到各地。不久以后，两国合并的措施得到了有效实施。1800年，《联合法案》[2]的颁布，终结了爱尔兰议会，爱尔兰和英格兰在政治上合并了。不过，有一点是肯定的，爱尔兰人厌恶这次合并，他们怀疑英格兰有着不可告人的秘密，但是一百多年过去了，还是没有找到证据。事实上，对当时的爱尔兰来说，合并可能已经是最好的结局了。然而，对爱尔兰爱国分子来说，这次合并是最高形式的压迫，是背叛祖国。

从《联合法案》到帕内尔之死

油和水放在同一个杯子里，它们是不可能真正融合的。爱尔兰

---

[1] 皮特，即小威廉·皮特，英国政治家，亦是迄今为止英国历史上最年轻的首相。——译者注
[2] 《联合法案》，1800年颁布，据此成立了大不列颠及爱尔兰联合王国。——译者注

与英格兰这两个民族在本质上截然相反,所谓的联邦也不是真正的联邦。英格兰数个世纪的压迫和恶行,使得爱尔兰人民怒发冲冠,原本淳朴、直率、善良的爱尔兰人,如今变得多疑、易怒而危险,原本好斗的本性如今发展为崇尚暴行。爱尔兰人变成了阴晴不定的复仇者的代名词,并且由于饥荒、苦难、无知,爱尔兰人被打上了堕落的烙印。多个世纪以来,爱尔兰与英格兰之间是严格禁止通婚的,反而两国合并后,通婚倒成了促进两族融合的唯一途径。通婚一方面可以让爱尔兰人借此巩固地位,另一方面也可以让英格兰人的性格中融入爱尔兰人的独特魅力和内在天赋。然而,如今看来,就连这条唯一的途径怕也是行不通了,因为开明的英格兰政治家们正在绞尽脑汁,想着怎样让名不副实的联邦真正地融为一体。

  英格兰与爱尔兰合并之后,英格兰对爱尔兰的承诺最终也没有实现。天主教徒依旧跟以前一样在各方面受到限制。1803年,年轻的罗伯特·埃米特[①]试图攻占都柏林,但失败了,这一行动没能改变爱尔兰人的命运。在埃米特被俘前,他与未婚妻萨拉·科伦道别后,第二天就被绞死了,这不过是众多悲剧中的一个。随后,萨拉在心灰意冷中死去,而这个悲惨的故事则被爱尔兰诗人摩尔写进了他著名的诗歌之中。

---

① 罗伯特·埃米特,爱尔兰民族主义领袖,早年参加"统一爱尔兰人联合会"。——译者注

《新土地法案》

爱尔兰史上最伟大的人物丹尼尔·奥康奈尔（Daniel O'Connel）[1]出现了。与爱尔兰其他伟大的领袖不同，他是一位天主教徒。换句话说，"他是爱尔兰民族的化身"。爱尔兰人身上所拥有的特质，都可以在奥康奈尔身上找到痕迹。他全身心地投入爱尔兰的解放事业中。尽管他的口才很好，且大权在握，但他还是花了二十九年，才实现了解放爱尔兰的目标。1829年，英格兰保守派的集大成者威灵顿公爵在风暴面前低下了头，天主教徒的情况得到了改善。然而，奥康奈尔还不满足，他没有选择停下。什一税制度是种种压迫中最令人厌恶的，必须废除，一个饿殍遍野的民族竟然被迫要向他们认为亵渎神明的教会表示支持。爱尔兰全副武装的军队试图用刺刀扭转局势。试想一下，欧洲饥荒最严重的民族，不仅要受他们反对教会的压迫，还要被迫交大额的税款，可想而知，他们是交不出来的，自然也就拖欠了一百多万。难怪西德尼·史密斯（Sidney Smith）说，廷巴克图[2]遭受到的是最严重的虐待。要是这样的话，爱尔兰在长期暴乱中，百万人丧失了生命也就不奇怪了。但维多利亚女王执政的第二年，即1839年，议会用了一种巧妙的方式减轻了人民的负担：地主必须缴纳什一税，而普通百姓则不用缴纳。这一政策引起了地主阶级的恼怒，他们选择提高租金，继而引发了一直没有停止过的反租运动。唯一的补救方法就是废除联邦，而奥康奈尔为此倾注了毕生的心血。

---

[1] 丹尼尔·奥康奈尔，19世纪爱尔兰民族主义运动的主要代表，天主教解放运动的领袖。——译者注
[2] 廷巴克图，爱尔兰城市。——译者注

1845年，在一个漆黑的夜晚，爱尔兰爆发了一场土豆枯萎病。作家卡莱尔称"一场饥荒使得一切发生了改变"。当爱尔兰离大饥荒的爆发只有一线之隔时，可想而知，人们的经济状况是有多糟糕！几个世纪以来，压迫使得饥荒频频发生，在此就不多赘述。我们从"饥荒"二字就能看出，那恐怖黑暗的两年里爱尔兰人所受的苦难。尽管欧洲国家和美国多次尝试援助爱尔兰，但都无济于事，即使获得了食物的人也难逃厄运，据说，这是因为他们目睹了同胞所遭受的苦难，却又无能为力，最终在内心痛苦中死去。就连奥康奈尔也是因为目睹了民族的悲剧心碎而亡。饥荒终于过去，爱尔兰损失了两百万人，成千上万的人从国内逃往美国，并且在那里活了下来，他们的后代将永远记得他们，以及他们所受的苦难。

在这片废墟中诞生了一个名为"青年爱尔兰"（Young Ireland）的组织，其领导者分别为米切尔（Mitchell）、史密斯·奥布莱恩[①]（Smith O'Brien）、狄龙（Dillon）和米格尔（Meagher）。然而没过多久，米切尔就被流放国外。随后，奥布莱恩和米格尔被判处死刑，但他们后来得到了赦免。美国内战时期，米格尔加入了北方联邦军，最终战死沙场。我们不会诧异，他们为何会参与这些徒劳的暴动，当时，爱尔兰人还没有从大饥荒的阴影中走出来，又因为交不起租金被迫离开了自己的家园，这一切的一切，"青年爱尔兰"的组织成员都看在眼里，他们为此痛心疾首！上文中我们已经提到过，英格兰贵族已将爱尔兰的大部分土地收入囊中。现在，爱尔兰所实行的转租，佃农与地主之间隔了四个中间人，且租金不断被抬高，要在这样的制度下讲究责任、正义和仁慈，就变得相当

---

① 史密斯·奥布莱恩，爱尔兰国王布莱恩·博茹的后裔。——译者注

困难了。社会体制才是万恶之源，并非地主阶级。大饥荒、驱逐出境，都是爱尔兰人口急剧减少的原因。数百万的爱尔兰人逃往美国。毫不夸张地说，整个驱逐出境的过程是十分残酷、暴力的。不管是病人或是死者，英格兰人对他们的处境没有丝毫的同情。爱尔兰人不得不离开家园，并且没有回头的可能，因为他们早已无家可归！一旦逃到美国之后，即使某些可怜的难民死在了路边，他也会心怀感激。用米切尔的话来说，"他或许会睁开那垂死的双眼，感谢上帝，让他能够死在世界上宪法最优越的国家。"

在美国内战结束之际，爱尔兰人普遍坚信，英格兰与美国之间十分紧张的关系，迟早会引发战争。一个名为"芬尼亚会"的组织决定在爱尔兰发动起义，这与美国袭击加拿大的时间相同。

美国政府在加拿大袭击问题上采取了有力的措施，这次计划和国内一些其他革命的失败，让人们对所有"芬尼亚会"及其他革命组织彻底失去了信心。

1869年，格拉德斯通①终于实现了废除英格兰国教在爱尔兰统治的梦想。曾经为这个梦想奋斗几代的人早已不在，如今的爱尔兰人已无心为此狂欢。他们唯一的希望就是"地方自治"。在自由党的支持下，梦想似乎有实现的可能。1875年，查尔斯·帕内尔②成了下议院的一员，不久，又成了"地方自治联盟"的领导者。但是，四年的时间里，还是有一万爱尔兰人流亡到国外，问题依然十分严重。于是，帕内尔组建了"国家土地联盟"（National Land League），其目的的是减轻人们的压力，并以"自耕农"制度取代

---

① 格拉德斯通，英国自由党派政治家，曾任英国首相和财政部长。——译者注
② 查尔斯·帕内尔，爱尔兰爱国主义政治家，1880年，成为"地方自治联盟"的领导者，1882年，发起"地方自治联盟"革命。——译者注

地主土地拥有制度。这是帕内尔毕生为之奋斗的梦想。帕内尔将议会当作自己的武器,在议会立法时,提出了阻碍性的理论,这引起了公众极端的愤怒,并最终导致自由党和自己的决裂。1882年,卡文迪什勋爵[①]遇害,帕内尔被怀疑是元凶,以此来反对格拉德斯通的"地方自治法案"。1886年,帕内尔的"地方自治联盟"最终遭到镇压,这项未竟的事业只能由后人完成了。

虽然"地方自治"的大门关闭了,但意外地打开了另一扇大门。爱德华七世上台之后,首先着手解决的问题之一,就是爱尔兰的土地问题,这位务实的国王认为,只有解决土地问题,才能处理好爱尔兰臣民之间的主要矛盾。于是,农民小土地所有制出现了,这一政策不仅得到了英格兰政府的支持,而且还有钱财帮助。1903年11月1日,《新土地法案》开始实施,法案规定:承租人、转租人、佃户及非佃户都可以购买一小块土地,并拥有其所有权,只需每年支付小笔的租金即可。这项土地法案使得地主、佃户和英格兰政府都从中获利,但其运行机制过于复杂,在此不多赘述。《新土地法案》的出现就像一根救命稻草,抹平了爱尔兰人遭受的苦难,人们感受到了久违的安宁和归属,在小土地所有制下,人们有了尊严,农民阶级的生活也开始得到改善。

对于爱尔兰来说,最大的不幸就是毗邻英格兰这个欧洲最强势的国家之一。数个世纪以来,爱尔兰一直努力与英格兰抗衡,然而,从1711年开始,英格兰从未放松过对爱尔兰的控制,而爱尔兰也从来没有真正地掌控过自己的都城,这座由维京人建造的,同时也是爱尔兰的政治中心的城市。当然,大家都知道,英格兰政府怀

[①] 卡文迪什勋爵,英国自由党派政治家。——译者注

疑爱尔兰的"地方自治"能力并非真的怀疑，而是担心自己在爱尔兰的地位受到影响。

弗朗西斯·米格尔在受审时称，"如果说我犯了罪，那也是因为读了爱尔兰的历史！在爱尔兰任何一个人反抗英国，都不需要是爱国主义者，只要知道英国以国教的名义犯下的罪过，任何一个新教徒都会感到羞愧的。"

但是，鉴于八个世纪以来的抵抗所取得的小小成果，爱尔兰人放弃抵抗"专制统治"，放弃心中的成见，难道不是最明智的选择吗？反抗这种情绪，放在心里不就好了？这饱经沧桑的爱尔兰，面对英国正表现出解决与爱尔兰之间的矛盾的意愿，虽然爱尔兰曾经饱受压迫，但此时的橄榄枝——宣布的停战，不正是时候吗？

苏格兰简史 〉〉〉

早期的凯尔特

不列颠群岛的最北端,群山矗立,海岸线参差不齐,这也就告诉人们这里的居民个性鲜明,苏格兰就位于这群山之中。尽管苏格兰人与生俱来的特质已经改变不少,但加勒多尼亚(Caledonia)这个词仍旧是这个热爱自由的民族的代名词。一世纪时,他们还被称作皮克特人,勇敢无畏地对抗阿格里科拉(Agricola)和他率领的罗马军团,以及摧毁了他们建造的城墙。尽管皮克特人借用爱尔兰的名字,使用盎格鲁-撒克逊人的语言和政治制度,那也只是将他们的名字、语言、政治制度作为工具,他们为自己的民族而骄傲,并且没有放弃自己最根本的个性。

罗马入侵约四个世纪之后,一部分苏格兰(爱尔兰)人移民到了海岸的另一端,在弗格斯(Fergus)的带领下,他们在阿盖尔郡(Argyleshire)建立起了自己的小王国。随之而去的,还有苏格兰神圣的加冕之石——"命运之石",许多苏格兰国王就是在这块石头上加冕的,因此也称其为"雅各布枕头"。皮克特人和爱尔兰-苏格兰人都属于凯尔特种族,即使他们之间起了斗争,也同样会为了共同的利益,如兄弟般随时握手言和、一致对外。他们联合对抗的第一个敌人就是罗马。共同的敌人是解决内部矛盾的良药,况且五世纪后，大量的敌人使扎根在同一片土地上的两个民族团结了起来。再加上共同的宗教信仰，使得他们相处的更加和平。虽说圣高隆后来被圣尼尼安所取代，但就像来自多尼哥的爱尔兰圣徒为皮克特人所作的贡献那样，圣帕特里克为爱尔兰-苏格兰人传教开创了先河。在苏格兰的宗教历史中，没有比伊奥那岛（Iona）的科伦巴修道院（Columba's Monastery）散发出来更纯粹的教义了。

爱尔兰-苏格兰人占据了苏格兰一小部分国土，但他们的名字却与这片土地紧紧联系在了一起，至于其原因则无从得知。或许是那块"命运之石"起作用吧！皮克特人王国的政治中心在泰河边上的斯昆（Scone）。844年，皮克特国王肯尼斯一世对爱尔兰-苏格兰人发起了战争，阿盖尔小王国与皮克特王国合并。十一世纪时，皮克特这个名字被彻底取缔，合并后的王国从此使用苏格兰作为国名。之后的两个世纪里，先后出现了四个统治政权，期间各民族之间更是争斗不止，加之丹麦人和边界附近的盎格鲁人的入侵，使得整个战争局面混乱不堪。

在特威德击败了盎格鲁人后，马尔科姆二世①占领了洛锡安（Lothian），并将其划入苏格兰。1034年，马尔科姆二世逝世之后，其外孙邓肯②继承了王位。尽管这些都是小国家，但激烈的领土之争绝不亚于大国。苏格兰大领主们试图取缔其他领主，而诺曼贵族和苏格兰-英格兰伯爵之间的争斗与其如出一辙。就如其他时代的历史一般，钩心斗角的贵族有可能会有朝一日转了运，夺取王冠，统治斯昆。

---

① 马尔科姆二世，苏格兰国王，因杀死前国王肯尼思三世而继承王位。——译者注
② 邓肯一世，苏格兰国王，后于麦克白的战争中被杀。——译者注

从马尔科姆三世到罗伯特·布鲁斯时期

麦克白（Macbeth）作为格拉米斯（Glamis）的领主，生来就拥有王位继承权。众所周知，他的妻子有着皇室血统，和"不屈不挠的勇气"。我们还知道，在"命运三女神"（Weird Sisters）的预言成真之后，原本清白纯善的灵魂受到了野心的毒害。早在莎士比亚之前的一个世纪，在苏格兰的历史上就流传着一个故事，这个故事被波伊斯（Boece）用拉丁文记录了下来，十六世纪时，被翻译成苏格兰方言。故事描述了麦克白、班柯（Banquo）和"命运三女神"之间的一次会面。"第一位女神说道：'祝福你，格拉米斯爵士！'第二位女神说道："'祝福你，考特爵士！'第三位女神说道：'祝福你，苏格兰国王！'于是，班柯问道：'为什么你们赐予了我同伴美女和财富，并且让他统治王国，而不赐予我呢？'她们说：'虽然他成了国王，但无人继承。你虽不是国王，但你的后人会成为国王。'"女神们说完，便消失了。与此同时，班柯称麦克白为苏格兰国王，而麦克白则称班柯为"国王之父"。后来，考特爵士获罪处死，邓肯将其爵位和财产都赐予了麦克白。第二天，班柯和麦克白吃饭时，班柯告诉麦克白，想实现预言就先成为国王。于是，麦克白计划夺取王位。不久，邓肯宣布儿子马尔科姆为王位继承人。但第三位女神的预言没有实现。尽管如此，麦克白依然想成为国王，因为按照继承法，如果没有邓肯，麦克白就是离王位最近的人。于是，麦克白在一次合适的机会中，杀掉了邓肯，而邓肯的尸体则被埋在埃尔金，后转至圣高隆王室墓地。

毫无疑问，莎士比亚肯定读过这个奇怪的故事，并且他用自己天马行空的想象力,创作出了不朽的巨著《麦克白》。坐落于斯昆附近的邓斯那恩和伯纳姆这两个地方因此而出名,引得人们向往不已。这些故事或许只是虚构的,至少我们现在这样认为。但麦克白的确杀了邓肯,成了苏格兰国王。然而,在邓斯那恩,伯纳姆森林附近,马尔科姆三世报了杀父之仇,杀掉了篡夺父亲王位的麦克白。1054年,马尔科姆登上王位,成为苏格兰国王。

莎士比亚选择的这个历史节点是有着非比寻常的意义的,它是苏格兰新旧王国的分割线。麦克白的统治标志着凯尔特时期的结束。随着马尔科姆三世的当政,盎格鲁-撒克逊人和苏格兰-凯尔特人走向了融合,这也是日耳曼人的政治理想。马尔科姆三世的母亲是诺森伯兰(Northumberland)伯爵的妹妹,因此邓肯的儿子有一半的英国血统。后来,他娶了朋友兼客人的贵族埃德加(Adgar)的妹妹玛格丽特。埃德加本是撒克逊王位的最后一位继承人,但在反抗"征服者威廉"的斗争中没有成功,于是归顺了威廉。1067年,恰好是威廉征服英格兰的第一年。这在英格兰历史上至关重要,通往南方和北方的大门得以打开,当然,这扇门也曾打开过,但皆因暴力。一众撒克逊贵族跟随他们的领导者埃德加涌入了苏格兰,并且随之而去的还有新的语言,新的风俗习惯,这样一来,很快就形成了对王位有极大影响的势力。这和诺曼人当初在伦敦的做法一样,用更加先进的文明取代既有的文明。但撒克逊人讨厌诺曼贵族的习俗,同样地,苏格兰贵族和人民也对撒克逊人的习俗很厌恶。

然后,马尔科姆把大片的土地赐予了外邦人,并给封臣极大的权力,最终使得封建主义在苏格兰自由的土地上诞生。随着社会的变化,苏格兰逐渐形成了一种新的方言,这种方言结合了撒克逊语言和苏格兰语言的本土特色，最终成了官方语言，自然也就成了众多居民的常用语言。不但如此，在接下来的统治时期，这种混合也一直在继续。凯尔特的语言、行为方式和风俗习惯推动着苏格兰高地上文明的变革，最终造就了他们坚不可摧的地位。一百五十年里，王室与境外的一些国家进行联姻，颠覆了原来不与外族联姻的固有惯例，使异国的封建主义在此扎根。但愤怒的，有反抗精神的凯尔特人，仍旧在北方按照自己的习惯生活，并未被影响。

诺森布里亚（Northumbria）当时并没有被英格兰吞并，是苏格兰与英格兰相争的区域，双方经常在这里烧杀抢掠。1174年，一次突袭中，苏格兰国王"狮王威廉"（William the Lion）被英国贵族俘虏。当时，英格兰国王亨利二世已经在爱尔兰通过战争建立了自己的封建统治。如今，他看到了一个可以通过更加和平的方式来达到目的的机会。于是，他提出被俘国王威廉承认英格兰的封建领主地位的条件。这个条件被接受了，包括苏格兰在内的五个小国。十五年之后，理查一世把自由还给了苏格兰人民。但是，当亨利想将苏格兰变成英格兰的附属国的时候，苏格兰的统治者却放弃了对苏格兰高地和北部，以及西部的一些岛屿的征服，而这些地区的独立人民当时还不属于苏格兰。

1286年，苏格兰国王亚历山大三世去世，只有一个年幼的外孙女能够继承王位。他的女儿嫁给了挪威国王，之后不久便去世，只留下还未成年的小女儿。正因为这个小女孩，使得王位备受瞩目。

六位摄政贵族临时受命，代替小女孩统治国家。后来，英格兰的爱德华一世提议让自己的儿子和小女孩结婚，而这一提议苏格兰也同意了。于是，爱德华派遣船队，带着珠宝礼物，来迎接小女王。然而，船还未到奥克尼（Orkneys），小女王就死了。爱德华的计划随之夭折。这样一来，空悬的苏格兰王位，便引起了很多人的觊觎，但是他们都没有继承权。此时，八位野心勃勃的贵族之间明争暗斗，试图篡夺王位，而爱德华一世也介入了争斗，并且把竞争者减少到了两人——布鲁斯（Bruce）和贝利奥尔（Baliol），他们都是苏格兰国王大卫一世的直系后裔。

爱德华一世之所以能够介入，是因为他是苏格兰的领主。我们不由得疑惑，为什么爱德华自命不凡的介入行为，竟没有一个人提出异议？但当我们细细考虑之后就会发现，那些野心勃勃的觊觎者及其背后的拥护者，他们代表的不是苏格兰人民，而是贵族阶级，并且他们已经加入了英格兰。因此，在王位空缺的时候，他们愿意承担如此大的风险，也就可以理解了。

当时的苏格兰并不存在真正的稳定体系，其统一也只是表面看起来的国王统治，因此当王位空缺时，王国就会陷入混乱。所以，必须有人立刻登基为国王。在这种情况下，爱德华一世以领主的身份选择了约翰·贝利奥尔，贝利奥尔在斯昆加冕，成为苏格兰国王，史称约翰一世，他宣誓效忠他的封建领主——爱德华，并且承认苏格兰是英国的附属国（1292年）。在这个过程中，国家命运不过是苏格兰贵族、神职人员和爱德华之间的协定，人民并无半点参与的权利。

苏格兰为此举办了盛大的典礼，英国使者宣布爱德华为苏格兰"至高无上的王"。纷争到这里，也就结束了。但是，这些人忘了，在格兰扁山区，有一群骄傲的苏格兰人民，他们在国家成为英格兰附属国时，他们的心失去了温度。

很快，贝利奥尔便意识到，自己交易得来的王位不过是一个空架子。苏格兰议会和法院向爱德华一世提出申诉，要求废黜约翰一世的王位,而贝利奥尔也被传召至伦敦,在一众羞辱他的英国议员面前为自己辩护。

1295年,贝利奥尔不堪忍受,放弃了有名无实的王位,与法国建立了联盟,并召集一众贵族,试图反抗爱德华一世的统治。爱德华一世对此愤怒不已,他率领浩浩荡荡的军队攻入了苏格兰,攻下了一座座城市,并且为了纪念自己的胜利和勇猛,还从斯昆带走了神圣的"命运之石",留下一败涂地的贝利奥尔守在饱受羞辱的苏格兰。后来,这块"命运之石"被镶嵌在了英格兰的加冕宝座上,一直到今。

这里将会提到一个名字,他就像华兹华斯曾说过的"我愿意像野花一样,开遍祖国的每一个角落",这个名字就是威廉·华莱士[①],苏格兰的每一片土地上,都流传着他的事迹。

关于华莱士的故事,其实很简短。他的一生都矢志不渝地为苏格兰的解放而斗争,且有过短暂的胜利。后来,华莱士被英军俘获,爱德华一世便以叛国罪在伦敦残忍地处死了他。尽管如此,但他的名字和事迹在苏格兰人民的心中是不朽的。威廉·华莱士出身苏格兰比较低阶的贵族,他从未宣誓效忠于爱德华一世。起初,他对英国的一些小码头进行攻击,后随着他不断的成功,跟随他的人也越来越多,起义队伍也越发壮大。

爱德华一世听说在他的附属国爆发了起义,并没有过多的在意,因为他认为没有贵族支持的起义,不过就是小打小闹,怎么可能会成气候呢?因此,他只派遣了一小部分军队去平息叛乱。但仅

[①] 威廉·华莱士,苏格兰独立战争的重要领袖之一。1297年,在击败英格兰军队后,被指定为苏格兰护国公;后于1305年战争中被英格兰人俘获,被英格兰国王爱德华一世以叛国罪斩首。——译者注

仅数周之后,爱德华就不得不亲自出兵苏格兰。当听说爱德华正朝斯特灵进军时,华莱士已经包围了敦堤堡,于是,他迅速赶到斯特灵桥,彼时,河对岸是五万英军。英国将军看到局势对自己不利,便提出谈判。华莱士回复道,谈判可以,但须答应"苏格兰获得自由"的条件。英国没有接受。于是,华莱士率军在斯特灵桥向英军发动攻击,英军溃败,大部分士兵不是逃走,就是被杀,或是淹死(1279年)。

当时贝利奥尔已经不在苏格兰,被囚禁在了伦敦塔里,因此华莱士成了苏格兰至高的领导者。但是不到一年,爱德华带领一支数量惊人的军队,重返苏格兰,华莱士在福尔柯克(Falkirk)惨败。

后来,仍旧争取苏格兰解放和自由的华莱士最终被击败,并在格拉斯哥(Glasgow)被抓获。然后,他被押至伦敦接受审判,后被定为叛国罪。如果爱德华判决华莱士的罪名是造反的话,那么可能会更准确。但是,他绝对不是一个叛徒,因为他从来都没有宣誓效忠爱德华,他只是为了自己的国家,与入侵者抗争。为此,他受到了残酷的折磨,并以叛国罪被处死(1304年)。虽然华莱士死了,但他的目的达到了,他在苏格兰大地上点燃了爱国火焰,他的名字就像号角一样,在苏格兰人民心中掷地有声。

正如罗伯特·彭斯[①]评价的那样:"华莱士的事迹把苏格兰精神注入了我的血液,这种精神会一直在我的血管里沸腾,直到生命终结。"

[①] 罗伯特·彭斯,苏格兰农民诗人,复活并丰富了苏格兰民歌。其代表作品为《友谊地久天长》《往昔的时光》等。——译者注

从布鲁斯到詹姆斯一世时期

对凯尔特英雄而言，能被吟游诗人用诗歌颂赞，可是无上的荣耀。不论死亡有多么残酷可怕，能在五百年之后得到苏格兰最伟大的吟游诗人如此纪念，那也是值得的！

我们习惯于把布鲁斯这个名字看作苏格兰民族精神的一种最强烈的表现，和对自由向往的代名词。但在当时，这个名字并没有什么特殊的含义。布鲁斯家族的祖先是诺曼骑士罗伯特·布鲁斯，他曾随着"征服者威廉"一起来到苏格兰。他的儿子罗伯特是苏格兰国王大卫一世王宫里，常常令人们憎恨的一位外国投机分子，并且被大卫一世封为安南达尔（Annandale）公爵，获得了大批财富。不仅如此，罗伯特的外孙娶了大卫一世的孙女伊莎贝拉（Isabel），因此，布鲁斯家族才有了王位继承权。与贝利奥尔一起争夺苏格兰王位的，正是罗伯特·伊莎贝拉的儿子，他跟他祖父和父亲一样，名为罗伯特。

如今，在苏格兰历史上赫赫有名的罗伯特·布鲁斯在其祖父罗伯特争夺王位失败时，才十二岁。在所有的附属国里，布鲁斯家族是最得英格兰国王信任的，也是因为顺从，这个家族的装腔作势和自命不凡，才得到了国王的极度包容。

小罗伯特的父亲年轻时曾陪同英格兰国王爱德华一世去巴勒斯坦，他本人接受的也是英国教育。他的母亲是英国人，在英格兰有着大量的资产。事实上，所有的一切使得他有着加入英国的一切条件。他和他的父亲，以及苏格兰高级执事和其他苏格兰-诺曼贵族一样，曾经与国王一起击败苏格兰，废黜贝利奥尔。而在镇压华莱士起义的时候，罗伯特也是毫不留情，他认为，这群令人厌恶的反叛者，必须使用武力镇压。华莱士奋起反抗的是一个根深蒂固的政权，而原本这是他的祖先一直臣服的。至于这位热切的革命者的精神是怎么被摧毁的，我们只能推测。或许是野心的驱使让他掉入了权力争斗的漩涡？或许是华莱士心中的爱国热情唤醒了自己，也唤醒了人们？又或许是这位领袖作为一个领导者和一个政治家的先见之明让他在这个逐渐壮大的起义中，看到了解放苏格兰，获得王权的机会？

无论是何种原因，罗伯特·布鲁斯的灵魂已经发生改变。他的态度就像天平一样摇摆不定，时而倾向华莱士，时而倾向英格兰国王。直到1304年，华莱士被处死后，罗伯特与兰伯顿主教（Bishop of Lamberton）签订了一份秘密协定，承诺一同对抗外敌。但不久之后，他就发现，爱德华已经得知了他们之间有这样一份协定。除了逃亡，无路可走。于是，他骑马迅速返回苏格兰。现在能走的路，就是登上苏格兰王位，而唯一的竞争者就是科明（Comyn）。因此，他们一起商讨联合计划，但在商讨的过程中，双方争论不休，于是罗伯特杀了他的这位对手。至于这到底是事先有预谋的，还是一时冲动，谁又说得清呢？但无论哪种原因，科明都是他登上王位的唯一障碍。科明一死，也就意味着罗伯特杀了苏格兰势力最大的贵族。如此一来，不只是英格兰民众，就连苏格兰民众都会视他为敌，可他已经无路可退了。罗伯特迈出了大胆的一步，立马去了斯昆，并在一部分追随者的见证下，于1306年3月27日登上王位，成为苏格兰国王。然而，不久之后，他就意识到，打江山易，守江山难。在北方，他过去的经历不足以让人们信任他；而在南方，被害的科明的朋友们满腔怒火，四处追捕他。彼时，英格兰国王爱德华盛怒之下,向苏格兰发动了进攻,并宣布,对于反叛者不能有丝毫手软。面对爱德华派遣的军队,罗伯特无法应对,只好把王后安置在亲戚家后,自己逃跑了。现在的罗伯特沦为了一个逃犯,一个难民,他从母亲那里继承的财产全部被充公,教皇也开除了他的教籍。后来据说他在苏格兰北方的高地躲了一个冬天,甚至还出现在爱尔兰海岸地区游荡,人们都以为他死了。他的王后和其家族中的妇女最终被抓,他的表兄也被绞死。

如果罗伯特·布鲁斯就此真死了,那他留在人们心目中的形象,就只会是一个绞尽脑汁想登上王位的贵族在争夺王位的过程中,最终惨死他乡,而非一个爱国者。正是他不屈不挠的精神,给了他的生命不一样的结局。1307年春天,罗伯特回来了。他带着一小队人马,讨伐英军,并在苏格兰城市艾尔(Ayr)打败了英军将领彭布罗克(Pembroke)公爵。有了这次的胜利,历史的潮流迥然不同了。人们被他的勇猛无畏所感染,在接下来的七年当中,他的名字在苏格兰的历史上闪闪发光。1313年,除贝里克郡(Berwick)和斯特灵郡之外,其他所有的郡都臣服于他。英格兰为防御这位勇猛的将领,做了十足的准备。

在离斯特灵两英里外的溪流旁,罗伯特·布鲁斯召集了三万人马,制订了详细的计划,准备对抗爱德华的数万大军。1314年6月23日上午,罗伯特鼓励苏格兰人为自由而战。他们为自由而战的行为,世界永远不会忘记。只要任何一个苏格兰人血管里仍有温热的血液流动,他们都会在听到班诺克本(Bannockburn)战役后,热血沸腾。在这次战役中,三万英格兰人被击败,其中二十七位男爵,两百名骑士以及七百位乡绅,都被永远埋在尘土中。此外,还有二十二位男爵和六十名骑士沦为阶下囚。英格兰从未有过如此彻底,如此凄惨的战败。

但即便如此,英格兰仍旧不愿意承认苏格兰的独立地位。于是,罗伯特·布鲁斯带着军队跨过了边界,向英格兰进发。1317年,爱德华向教皇提出申诉,于是教皇在1317年起草了一份调解协议,上面写着"英国国王爱德华"和"高贵的,自立为苏格兰国王的罗伯特·布鲁斯"。罗伯特拒绝接受,直到后来他被公开承认为苏格兰国王,才接受了协议,并试图攻占贝里克郡。苏格兰议会致函给教皇,现摘录几处如下:

> 上帝也愿意,我们苏格兰重获自由,重获解放。他赐给我们这样一位英勇的国王罗伯特,并且他还为了我们经历了艰难险阻。我们应该团结在一起,坚定地跟随他。这不仅是因为罗伯特过人的智慧和远见,也是因为他为苏格兰所做的一切。但是,如果他放弃了一直以来追求的原则,同意臣服于英国,那我们将会另立新王,且视他为敌人。哪怕苏格兰只有一百人存活,我们也绝不会妥协退让。因为我们一直苦苦追求的既不是荣耀财富,也不是至高的地位,而是任何一个人都愿意献上自己生命的自由。

在这场自由之战中,罗伯特显露出来的精神不仅被世人认可,而且教会也认可了罗伯特的统治地位,承认他是"苏格兰国王"。而英国,终于在1382年签署了一个条约,承认苏格兰是独立国家。条约里有这样一条:"我们宣布,放弃我们或者我们的先祖以任何方式在苏格兰谋取的一切统治权。"

关于对罗伯特·布鲁斯的评价，历史学家们并没有达成过一致。当时，就很难知道他的动机，而如今六个世纪过去了，再想知道就更是难上加难了。我们唯一知道的是，他就像凭空出现一样，突然登上了历史舞台。尽管自然环境对他来说极为不利，但他为苏格兰人民赢得了独立和解放。也正因如此，他从一个孤家寡人变成了苏格兰历史上的伟大英雄人物。

后来，随着罗伯特的去世，他的儿子大卫继承了王位，称大卫二世。贝利奥尔的儿子被英国煽动，也觊觎着王位，甚至在斯昆自立为王。爱德华三世觊觎法国领土，入侵法国，并取得了胜利。由于大卫二世没有直系继承人，于是提出要把王位让给爱德华三世的儿子莱昂纳尔（Lionel），这简直是滑稽至极。但这还不算什么，因为连布鲁斯家族的人都服从于想登上王位的贵族，他们让自己祖先的光辉落到了尘土里。我们不由地想发问：他们真是伟大英雄的后裔吗？布鲁斯七年的艰苦奋战才换来苏格兰的解放，这值得吗？然而，可以确定的是，不管谁掌权，不管谁统治，国家的生命来源于人民。在苏格兰，每一个人的内心都因为曾经那些奋战的历史而欢欣鼓舞。在这片土地上，就连孩童们听到华莱士和布鲁斯的名字，也会传扬他们的英雄事迹。

詹姆斯一世至国家联合

罗伯特·布鲁斯生前授予他的女儿玛乔丽（Marjory）为苏格兰高级执事，他的这一决定不仅影响了苏格兰的历史走向，还影响了英格兰。但相较于苏格兰，英格兰受到的影响更甚。高级执事是苏格兰王国的最高职位，自大卫一世起，这个职位就一直是由一个家族的人来沿袭，官名渐渐也就成了姓氏，现今许多名字就是这样来的。

罗伯特·斯图亚特（Robert Stewart，家族里的第七位高级执事）和玛乔丽·布鲁斯的联姻不仅影响了苏格兰的命运，而且引发了英格兰历史上的一场革命和一场巨大的危机。命运女神曾对班柯所言，"斯图亚特的后代将会称王"，而玛乔丽的后代中有十四位国王，其中八位是苏格兰国王，六位既是英格兰国王也是苏格兰国王（1371年到1714年，总共343年）。

玛乔丽的儿子罗伯特二世，是首位斯图亚特国王，于1371年在斯昆加冕。罗伯特二世天生软弱的性格，使得他的兄弟成了苏格兰真正的掌权者，而他自己只是一个傀儡。1390年罗伯特三世继位时，奥尔巴尼的权势愈发强大。这样一来，贵族们就拥有了绝对的控制权，而罗伯特三世为了保障他和子嗣的安全，只好给奥尔巴尼公爵和其他贵族支付高额的薪水。可尽管如此，他的大儿子罗斯塞还是被奥尔巴尼公爵和道格拉斯伯爵绑架后离奇死亡，据说是饿死的。为了不再出事，心痛不已的罗伯特三世又把二儿子詹姆斯王子送去法国，但在途中被英国船队抓捕，并被亨利四世囚禁在伦敦塔。罗伯特三世听到消息之后，悲痛而亡。被囚禁在英格兰的詹姆斯王子有继承王位的权利（1406年），但整个王国还是如多年以来一样，掌控在奥尔巴尼公爵手里。

法国和苏格兰有着一种特殊的友谊，那就是双方都对英格兰有敌意，而这种敌意让彼此结成了联盟。这对于英格兰来说，可不是什么好事。在苏格兰与英格兰的斗争中，法国给苏格兰提供的军队和资金使得英格兰遭受重创，而作为回报，苏格兰也派遣军队帮助法国。两国之间的这种互助关系，使得被英格兰囚禁的詹姆斯王子有了可利用的价值。亨利四世不仅利用詹姆斯限制法国和苏格兰之间的行动，而且还能牵制野心勃勃的奥尔巴尼公爵。于是，亨利四世决定帮助詹姆斯重回苏格兰，继承王位。

上述便是詹姆斯囚禁十八年期间苏格兰的政治局势了。在这十八年里，詹姆斯王子尽可能地去学习英格兰先进的文明和历史，此外，他还读了自己国家的历史。1424年，詹姆斯被释放，并在斯昆加冕，一个新的时代开始了。

詹姆斯一世致力于努力打破贵族的权势，并且着手解决与所谓的"亲属"之间的问题。他心里清楚地知道，是谁羞辱过他的父亲，饿死了他的哥哥，并与亨利四世勾结囚禁了他十八年之久。这一系列事情的主谋，自然离不开老阴谋家奥尔巴尼公爵，但是他当时死了不久，可是，他的儿子继承了爵位。于是，詹姆斯一世下令逮捕了新任奥尔巴尼公爵和其同伙，并让他们接受审判，而自己的五位亲属也在斯特林城堡（Stirling Castle）前被处以斧刑。

长期压抑的怒火的爆发是很可怕的，却很合理。不择手段的贵族从国王手里夺走了权力，这迟早是要付出代价的，否则，整个国家都会被毁灭。贵族夺权这样的事在欧洲历史上是常态，但都最终被残酷地打压，如法国的路易十四（十五世纪）、俄国的伊凡大帝（十六世纪）等，都是通过这种手段夺回了王位。在英国，从"征服者威廉"开始到亨利八世，虽然过程漫长，但最终使得大贵族臣服。一个国王要想夺回王位，并赶走权夺的人，其实是一个极其艰难的过程。

1437年，斯图亚特史上最有才干的国王詹姆斯一世被人暗杀，而这个暗杀机会，则是那些他曾剥夺权力的对手，甚至他自己的亲属给的。

在斯图亚特所有的统治者当中，詹姆斯一世是唯一一个继承了其伟大先祖罗伯特·布鲁斯英雄品质的人。但是，这个家族还是被卷入了英格兰的漩涡中，留给历史一系列的悲剧，十四位国王，四位暴病而亡，两位悲痛至死，还有两位被砍了头。

接下来，我们来看看詹姆斯一世的个人特质，他可能是苏格兰国王当中，找不到第二个可以与之媲美的人。他不仅"男子气概十足"，而且擅长乐器，如风琴、长笛和竖琴等，他弹竖琴时就像希腊神话中的俄耳甫斯（Orpheus）。此外，他还会绘画、写诗，他的魅力无人不为之折服。也正因如此，他与简·博福特太太结成良缘，在返回自己国家之前就举办了婚礼。而他也因为简·博福特太太创作了《国王书》，从来没有任何一位国王可以像他一样才华横溢。他为苏格兰的诗歌史开创了一个新的纪元。这部诗作反映了詹姆斯的生命和爱情，现实和童话，就像英国作家乔叟（Chaucer）和中世纪其他作家一样，运用讽刺的手法写就。我们可以想象，詹姆斯一世在不幸的幼年时期，曾与热心的哈尔王子（Prince Hal）有着友谊，在哈尔王子继位为亨利四世时，他从伦敦塔里被释放，并且被迎进了温莎城堡。然后，在温莎城堡度过了被囚禁的最后十年，也是在这十年中，他遇到了简·博福特太太，并创作了大量的诗歌。

詹姆斯一世花了很大的力气镇压的动荡，在他去世之后，又卷土重来，而且来势更加凶猛。詹姆斯二世和詹姆斯三世执政的五十年，实际都没有真正掌权，这一时期也毫无统治意义，因此不再赘述。如果非要说这一时期有什么意义的话，那也就是让人看到了一个王室贵族的卑鄙无耻——道格拉斯、克劳福德、利文斯顿、克莱顿和伯蒂斯，这些人就像饥饿贪婪的野兽一样，都想把彼此当猎物般撕碎，都想胜过对方。利文斯顿家族把年幼的詹姆斯二世当作囚徒般关在斯特灵堡，还与克莱顿合谋，邀请年幼的道格拉斯伯爵和他的弟弟用餐，结果把他们都杀了。因此，国王成年后，在爱丁堡杀了将近一半的利文斯顿家族的人；而道格拉斯家族也因后来的混乱，遭到了流放；只有伯蒂斯家族因之前趁机抓获了年幼的国王詹姆斯三世，其权势有过迅速强大，但是很快就消亡了。历史上，再没有比这些贪婪的人更冷漠、更堕落的人了。一位苏格兰作家曾说："在这片土地上只有杀戮，家族之间就像抓捕野兽一样，互相设陷，但最终掉入陷阱的人却是设陷的人。"

在这样混乱的局势下，人们又如何呢？这些虽然没有记载，但可以想象。他们没有政治影响力，即使他们在议会有代表，可他们的声音从来不会被下议院听到。但我们有理由相信，对于他们来说，尽管这里属于无政府状态，但是他们也创造了属于他们的文化和生活方式，并且还成立了三所大学①，这些从詹姆斯三世颁布的禁令可以看出。这种种一切都表明，尽管局势不稳，但人们的求知欲从未消失，而且出现了许多"苏格兰学者"。年轻人们也心怀梦想，希望通过努力争取学位来改变自己的命运，而这种途径之前是需要通过武力来获得的。此外，还出现了一小部分民族文学。十四世纪巴伯尔的《布鲁斯》，十五世纪詹姆斯一世的《国王书》，以及亨利森和博伊斯，还有彭斯、司各特和卡莱尔。

---

① 三所大学，1411年建立的圣安德鲁大学，1450年的格拉斯哥大学，以及1494年的阿伯丁大学。——译者注

此时的英格兰满城风雨，已经成了诡计多端的贵族的避难所。奥尔巴尼公爵、道格拉斯伯爵和其他人与英格兰国王进行谈判，他们表示愿意承认英格兰的领主地位；而作为回报，英格兰国王则需要承诺让奥尔巴尼公爵成为苏格兰国王。

然而，苏格兰拒绝了他们的意愿，不承认英格兰的领主地位，于是，双方在斯特灵附近展开了战斗。交战期间，国王詹姆斯三世从马背上摔下来，然后被叛乱的贵族杀害了（1488年）。但是，贵族们的阴谋并没有得逞，詹姆斯三世的儿子已经加冕，称詹姆斯四世。于是，英格兰国王亨利七世提出了一个计划，将他的女儿玛格丽特公主许配给詹姆斯四世，以此使两国重归友好。1502年，在人们的欢呼中，詹姆斯四世与玛格丽特公主于霍利鲁德宫（Holyrood）举办了婚礼，而这次联姻也产生了极大的影响。

在联姻期间，苏格兰与其强大邻国英格兰的关系相对来说还比较和平。但1509年，玛格丽特王后的弟弟，也就是亨利八世成为英格兰国王。这位国王对于家族情义并不看重，很快，他就对苏格兰露出了敌意，英苏之间友好的关系也就此破裂。英格兰与法国之间的战争就是一个信号，标志着法国和苏格兰恢复了昔日联盟。1513年，詹姆斯四世率领军队跨越特威德河与亨利八世开战，但在弗洛登山大败，自己也身首异处。

此时的欧洲各国并没有意识到一场道德和宗教的革命正蓄势待发，而苏格兰受这场革命的影响尤深。罗马教会的势力深深扎根于欧洲各国，人们都期待着欧洲大陆的变革。一位默默无闻的德国修道士马丁·路德试图推翻罗马教会的旧思想，然后在其废墟中建立新的基督教王国。而此时印刷机的诞生就像为改革教会事先准备好的一样。

但是在苏格兰，国王和贵族们仍像以前一样钩心斗角。还没有成年的詹姆斯五世成为新的国王，他的命运跟他的几位前任相似。十八岁之前，他一直被囚禁，故此不得不依赖于叛徒们。轰轰烈烈的宗教改革运动开始渗入苏格兰，信仰天主教的詹姆斯五世任命教会的主教们和开始接受新教的流放贵族们担任重要职务。路德的著作被禁，国王采取了严厉的措施把宣传异教的作品清除出苏格兰。众所周知，亨利八世成了新教的皈依者，他极力撮合詹姆斯五世和女儿玛丽公主，并且还力劝詹姆斯五世和他一起推翻教皇的权威地位。詹姆斯五世却做了一个对英格兰有重大影响的选择。1538年，他娶了法国吉斯公爵（Guise）之女玛丽，拒绝了舅舅亨利八世的和平提议，并与法国联盟，实施反对新教徒的政策。亨利一怒之下，开始向苏格兰出兵。双方在索维莫斯（Solway Moss）进行了一场小型战役，此战以苏格兰的失败而告终。詹姆斯五世深受打击，几近崩溃。女儿玛丽·斯图亚特（Mary Stuart）的出生与战争失败的消息同时传来，他的心头萦绕起不祥的预感，于一周后就去世了（1542年）。如此，他的小女儿便成了众矢之的，陷入了阴谋诡计中。亨利八世便又起了联姻的心思，打算让自己的儿子爱德华王子迎娶玛丽公主，一来可以控制玛丽，二来也可以拉拢苏格兰贵族。于是，两国起草了条约，同意了联姻，同时苏格兰承认英格兰的领主地位。然而，由于主教比顿（Beaton）的参与，苏格兰议会拒绝了联姻。亨利八世愤怒之下对苏格兰宣战，下令对其烧杀抢掠，决不手软，且特地吩咐要处死主教比顿。而与此同时，比顿也试图阻止动乱。

有人被处死，有人被流放。约翰·诺克斯（John Knox）的朋友，改革支持者威沙特（Wishart）就被处以了火刑。随后，比顿也被人暗杀，他的圣安德鲁城堡成了密谋者的据点。约翰·诺克斯为了保住教会力量，投靠了法国，但城堡被法国军队占领后，他自己则被送进了法国监狱。

小女王当时才六岁，就被许配给了法国国王弗朗西斯一世的孙子，并由利文顿（Livingson）公爵护送到了法国。她的母亲玛丽·吉斯是苏格兰的摄政王，她一直拼尽全力阻止新教的发展。但是，改革的传播速度令人咂舌。一开始，新教传播的是伦理，而非教义。一方面，人们反对神职人员的不道德行为；另一方面，神职人员反对人们诵读《圣经》，并擅自讲解翻译，他们宣称："如果每个人都可以讲《圣经》，那还需要主教干吗？"

卡莱尔说，宗教改革赋予了苏格兰灵魂，但如果没有一个约翰·诺克斯这样的合作伙伴，苏格兰的命运或许会有所不同。的确，诺克斯之于苏格兰，就如同树干之于树枝一样重要。他不仅把自己不屈的生命奉献了，而且还让其发挥了重要的作用。日内瓦的逻辑学家卡文是诺克斯的老师和朋友，苏格兰新觉醒的灵魂以这位伟大的逻辑学家的思想为食粮，而卡文主义也永远在人们心中。

玛丽女王和法国王子婚后不久，法国王子就继位为法国国王，称弗朗西斯二世，而此时，英格兰国王也过世了。因为苏格兰进行了宗教改革，英格兰女王伊丽莎白便派遣了一支舰队迎战强大的法国军队。弗朗西斯二世的统治时期很短，1560年他就去世了。于是，玛丽决心回到自己的王国，伊丽莎白试图在途中阻拦，但她还是安全回国了，并且受到了人们的热烈欢迎。此时的玛丽十九岁，长得愈发美丽，不仅有才华，待人也是极有礼的，这得益于她在欧洲最繁华富饶的法国都城接受的教育，同时，她还是一位热忱的天主教教徒。她回到了苏格兰，而苏格兰议会刚通过禁止弥撒的法案,并且接受了在她看来是异端的新教。人们也已经成了新教的坚定拥护者,约翰·诺克斯是这一教派的领导者。但是,这简单的信仰对玛丽来说,却是罪恶的。她回来后举行的弥撒,使得天主教徒激动万分,教堂门口有人把守着,诺克斯则被赶走了。对他而言,女王的行为,就像他说的"比一万名敌军更加可怕"。

在爱丁堡的冬天,欢乐成了新的罪状。诺克斯说女王跳舞跳到午夜,简直过分。后来,他公布的"王子的恶习",则是对玛丽的叔叔,法国吉斯家族的公开攻击。玛丽派人把诺克斯叫来,指责他的行为引起了人们对自己的轻蔑和怨恨,并说:"我知道你和我的叔叔们不信奉同一个宗教,但我不怪你,可你对我们确实有偏见。"议会通过决议,禁止王国内所有的天主教教徒的崇拜行为,不仅是人民,女王本人也应如此。玛丽则机智地回复道,自己还没有转信新教,也没有对弥撒不敬。虽然她不会放弃她的信仰,但她也绝不强迫任何人改变自己的信仰,别人也别想强迫她信奉新教。

玛丽对约翰·诺克斯做出的妥协,也是由于诺克斯势力过大的缘故,这一点我们不会诧异,反倒是诺克斯对此很惊讶。这样一位迷人的女王,不仅具有超强的外交才能,而且与欧洲所有的天主教国家都有联系,因此对于苏格兰新教会而言,她是一个不好对付的威胁。的确,如果没有出现意外,她完全有可能就会推翻新教会。

欧洲各国家都想与玛丽联姻,来自西班牙、法国、奥地利、瑞典和丹麦,以及英格兰的莱斯特伯爵都向玛丽提过亲。玛丽则比较倾心于西班牙的唐·卡洛斯(Don Carlos),这个希望落空时,她做了一个让人惊讶且不幸的选择——与英格兰伦诺克斯(Lennox)公爵的儿子亨利·斯图亚特(Henry Stewart),也就是时任达恩利勋爵结婚。和她一样,达恩利勋爵也是亨利七世的曾孙。但有一点，亨利·斯图亚特是天主教教徒，比玛丽小三岁，虽长相英俊，但身体羸弱，且品行不端。1565年，两人在霍利鲁德宫举行婚礼，亨利被冠以国王头衔。然而，亨利并不满足，他要求，如果玛丽没有子嗣的话，那么自己的后辈可以继承苏格兰王位。他蛮横、暴力地逼迫玛丽做出让步，这种行为让玛丽感到厌恶和反感。她的首席大臣是位名叫里奇奥（Rizzio）的意大利人，虽地位平平，但为人精明、狡猾。亨利曾嫉妒过这位意大利人，他认为，里奇奥是自己实现伟业的绊脚石，而且他还怀疑里奇奥利用与玛丽之间的关系来打压他人。因此，他决意要除掉里奇奥。于是，当玛丽和里奇奥在内阁中商议事情时，亨利闯进去胁迫住玛丽，然后让同伙把里奇奥拖到隔壁房间里杀死。

玛丽在离开亨利时，说道："我再也不是你的妻子！"但三个月后，她的孩子出生了，玛丽的心似乎变得柔软了。于是，在亨利患病得天花时，玛丽不仅把他转移到了爱丁堡旁边的一座房子里，而且更是在床边日日照顾他。

1567年2月9日，就在玛丽刚离开亨利几个小时后，亨利就死了。至于亨利的死因，我们无从得知，更无法确定玛丽是不是凶手。不久，嫌疑指向了博斯维尔（Bothwell）公爵，虽然法庭宣判他无罪，但民众并不买账。后来，玛丽和博恩维尔结婚了，而此时她的丈夫刚去世三个月，这就让民众不得不怀疑她，不管她是清白的还是确实有罪。

玛丽的朋友们纷纷离弃了她，而她也在沦为洛赫列文堡（Lochleven Castle）的阶下囚时，签署了由儿子继承王位的文件。她的拥护者，如汉密尔顿家族、阿盖尔家族、塞顿家族、利文斯顿家族和佛兰芒家族，还有一些其他人，组建了一支军队协助她逃跑，但很快，在格拉斯哥附近的一场交战中，他们失败了。此后，玛丽踏上了一条漫长的不归路，路的终点则是死亡。她越境进入英格兰，让自己落入了表妹伊丽莎白的手中。

很快，根据玛丽签署的文件，她十三个月大的儿子被加冕为苏格兰国王，即詹姆斯六世。当时，有一小部分影响力很大的人并不支持詹姆斯六世继位，因此苏格兰分成了两派，一派以玛丽女王为首，另一派以詹姆斯六世为首。后者在莫里（Moray）的努力下，得到了新教会的支持。这种情况都预示着一场旷日持久的争夺战即将爆发，事实也的确如此。1573年，女王一派被控制；国王一派中也因新力量的加入，势力越来越大。众所周知，苏格兰的宗教改革是在干劲十足的约翰·诺克斯的领导下进行的，因此苏格兰教会比较突出卡尔文主义的特征。而在英格兰，伊丽莎白统治期间，采用的是改善过的主教制，主教制有对应的主教院，礼拜仪式和宗教仪式。

对于苏格兰宗教改革人士而言，英格兰新教改善过的主教制是对罗马教会的一种妥协，和教皇一样令人厌恶。因此，英苏两国新教之间的矛盾也就变成了一场对抗新教主义拥护者的斗争。双方均以控制国王，抢占支配地位为主要目的。一些相对激进的新教主义者要求，恢复自苏格兰议会改革以来就取消了的神职人员的地位，并使新教神职人员担任上下议院的议员。这些要求在大部分人看来都是至关重要的，但也有小部分人认为这些只是个人野心和政治阴谋的遮羞布。

詹姆斯六世十七岁时，才接受了"君权神授"的理论。新教会为了自己的目的，诱骗他到鲁斯文城堡。结果，他去了之后，就被监禁了起来。后事情败露，新教会的神职人员极力维护监禁国王的人，因为他们属于同一个阵营。

詹姆斯六世在新教主义的两种形式当中已经做出了选择，即哪一派能维护王室神圣的特权，他就选择哪一派。他的王国绝不能出现长老、教会和普通信徒具备制定权威标准的权力。他认为，君王是上帝派来的，自然也就是教会的首领，因此有权决定教会的仪式。在如此年轻的国王头脑中，这些思想就已经深深扎根，他的整个统治期，都是以这些思想为基础的。

在鲁斯文城堡事件后，詹姆斯六世开始在苏格兰使用主教制。因此，神职人员和国王之间矛盾重重。起初，国王占得上风。1584年，议会宣布国王在一切事务和宗教事务中拥有至高权力。如此一来，国王拥有了前所未有的权力，他称："这些上帝赋予的权力，应该属于至高无上的国王和他的继承者。"1584年，主教制思潮开始传播，最终于1649年结束。英国国王查理一世也因王权在白厅被砍了头。王权在获得了胜利后不久，议会就于1592年重新获得了权威地位。

尽管罗马天主教会已经退出了政治舞台，但在苏格兰没有完全销声匿迹，其势力集中在北方高原地区，大概有一万四千名天主教徒，其中至少有一万两千人对天主教坚持着古老的信仰。正是这些人，在强大的首领带领下，视玛丽为信仰的恢复者，而让玛丽一步步走向绝境，这与法国和西班牙二十年来的种种阴谋离不开关系。

在如今公正的调查研究之下，那些证明玛丽共谋的信件能否站得住脚，我们也无从知道。但我们知道，玛丽污浊的名字，因她被囚禁所体现的高贵和不屈而变得闪光。1587年，她被伊丽莎白赐死。玛丽的一生不禁让人唏嘘、难过，甚至整个世界都为她流泪。她的儿子却没有表现出丝毫的痛苦，伊丽莎白签署赐死玛丽的文件时，詹姆斯六世已经二十岁了，历史也并没有记载，他曾试图为救他的母亲而付出努力，或者为她流过一滴眼泪。或许是为了证实他的冷漠无情，或许是为了奖赏他坚持主教制，伊丽莎白让他继承自己的王位。无论是哪种动机，两个国家之间旷日持久的斗争，就以这样奇怪的方式结束了。詹姆斯六世不再像以前那样仅仅是苏格兰至高的国王，他还是英格兰的国王。1603年伊丽莎白去世，将王位传给玛丽的儿子詹姆斯。几天之后，詹姆斯到达伦敦，受到民众的热烈欢迎。在"命运之石"的见证下，他加冕为英格兰国王，即詹姆斯一世。

从国家联合到《联合法案》

本书由于篇幅有限，只能粗略地提及两个国家之间的联合。一个世纪之后，两个国家合为一体。联邦共同反抗苏格兰的长老会，反抗残忍的查理一世禁止英格兰教会的礼拜仪式，及苏格兰长老会颁布的《国民誓约》，宣誓永远忠诚于教会；苏格兰教会和英格兰新教结成联盟；克伦威尔推翻封建王朝，给苏格兰带来了深远的影响。

1689年，苏格兰高地的一些首领和帮派，也就是斯图亚特的拥护者（被称为詹姆斯二世党人）发动了起义，试图通过联合北方的天主教徒，帮助被流放的国王和其觊觎王位的儿子复辟。英国和苏格兰的一些政治家们认为，只有两个国家联合起来，才能实现和平。尽管反对强烈，但苏格兰议会还是于1707年通过了联合公约。苏格兰四十五位代表进入英国下议院，十六位代表进入上议院。此外，长老会可以坚持自己的教条，教义也可保持不变。随着这项法案的实施，苏格兰议会退出了历史舞台。

《联合法案》以来的概述

事实证明，这个联合是相当成功的，不仅带来了物质上的富裕，而且也提升了人们的精神文化，更重要的是给人们带来了和平。

在经历了几个世纪的混乱和暴政之后，苏格兰终于实现了和平。这种胜利是精神和文化上的，而不是政治上的。在文化知识的丰富层面上，苏格兰人或许可以战胜整个世界，但在道德正义感方面，却仍需很大的提升。但我们要承认，跟毗邻的爱尔兰一样，苏格兰没有成为独立国家。倘若没有大不列颠，没有英格兰的压迫，苏格兰完全由国王管理，那该会是怎样的历史呢？一个勇敢，渴望自由的国家，被残酷好斗、争名夺利的君王，诡计多端的摄政王，以及腐败的贵族所摧毁。仅有一次，在华莱士和布鲁斯的带领下，诺曼人最终摆脱了外国殖民的束缚。

苏格兰的本国统治者从未感到怯懦，也从未有一个英勇的领导者能带领苏格兰人团结在一起，直到布鲁斯之后的詹姆斯一世才拥有了一个伟大君王该有的品质。那么，我们可以对苏格兰做出何种总结呢？

我们是不是愿意相信苏格兰加入英国之后，用它的正直、道德换取最大程度上的尊严和它伟大邻居的庇佑呢？

附录　王朝年鉴 〉〉〉

英格兰各王朝及其统治者

盎格鲁-撒克逊王朝

艾格博特　800年

埃塞伍尔弗　836年

埃塞尔巴德　857年

埃塞尔伯特　860年

埃塞尔雷德　866年

阿尔弗雷德　871年

长者爱德华　901年

埃塞尔斯坦　925年

埃德蒙　940年

埃德雷德　946年

爱德威　955年

埃德加　957年

殉教者爱德华　975年

决策无方者埃塞尔雷德　978年

埃德蒙·艾恩赛德　1016年

丹麦王朝

克努特　1017年

哈罗德一世　1030年

哈尔迪·克努特　1039年

撒克逊王朝

忏悔者爱德华　1041年

哈罗德二世　1066年

诺曼王朝

威廉一世　1066年

威廉二世　1087年

亨利一世　1100年

史蒂芬　1135年

金雀花王朝

亨利二世　1154年

理查一世　1189年

约翰一世　1199年

亨利三世　1216年

爱德华一世　1272年

爱德华二世　1307年

爱德华三世　1327年

理查二世　1377年

兰开斯特王朝

亨利四世　1399年

亨利五世　1413年

亨利六世　1422年

约克王朝

爱德华四世　1461年

爱德华五世　1483年

理查三世　1483年

都铎王朝

亨利七世　1485年

亨利八世　1509年

爱德华六世　1547年

玛丽一世　1553年

伊丽莎白一世　1558年

斯图亚特王朝

詹姆斯一世　1603年

查理一世　1625年

英格兰共和国　1649–1660年

斯图亚特王朝

查理二世　1660年

詹姆斯二世　1685年

奥兰治王朝

威廉三世和玛丽二世　1688年

斯图亚特王朝

安妮女王　1702年

汉诺威王朝

乔治一世　1714年

乔治二世　1727年

乔治三世　1760年

乔治四世　1820年

威廉四世　1830年

维多利亚女王　1837年

爱德华七世　1901年

皮克特人和苏格兰人联盟之后，肯尼斯一世开始了苏格兰王国的统治

肯尼斯二世　836年

苏格兰与皮克特人联盟　843年

唐纳德五世　854年

康斯坦丁二世　858年

艾瑟斯　874年

格里高利　875年

唐纳德四世　892年

康斯坦丁三世　903年

马尔科姆一世　943年

英多尔夫　952年

达夫　961年

库伦钮斯　966年

肯尼斯三世　970年

康斯坦丁四世　994年

格莱缪斯　996年

马尔科姆二世　1005年

邓肯一世　1034年

麦克白　1040年

马尔科姆三世　1057年

唐纳德七世　1093年

邓肯二世　1094年

埃德加　1098年

亚历山大一世　1107年

大卫一世　1124年

马尔科姆四世　1153年

威廉一世　1165年

亚历山大二世　1214年

亚历山大三世　1249年

权力空白期

约翰·贝利奥尔　1293年

罗伯特一世（布鲁斯）　1306年

大卫二世　1330年

爱德华·贝利奥尔　1332年

罗伯特二世　1371年

罗伯特三世　1390年

斯图亚特王朝

詹姆斯一世　1406年

詹姆斯二世　1437年

詹姆斯三世　1460年

詹姆斯四世　1488年

詹姆斯五世　1513年

玛丽·斯图亚特　1543年

玛丽和约翰·斯图亚特共同执政　1565年

詹姆斯六世　1567年

作者简介

[美]玛丽·普拉特·帕米利（1843—1911），美国史学家、作家。她于19世纪末和20世纪初写的国别简史是她成功的著作，包括法国、俄国、德国、英国简史等。她擅长用优雅的故事将该国不同的历史时刻串起来，所涉及内容广泛，通俗易懂。

译者简介

陈奕佐，浙江绍兴人，毕业于天津外国语大学英语专业。自由译者，曾翻译多部历史作品。